职业本科教育机电类专业新形态一体化教材

工程力学基础

主编 张长英

中国教育出版传媒集团

高等教育出版社·北京

内容提要

力学作为技术工程学科的重要理论基础,是沟通自然科学基础理论与工程实践的桥梁。工程力学研究构件在外力作用下平衡、变形和破坏的规律,主要包括"静力学"和"材料力学"两部分内容,是高职本科应用型本科装备制造、交通运输、土木建筑和水利等大类各专业必修的专业基础课程之一,在相关教学体系中起承上启下的作用,既直接服务于工程实际,又为后续的专业核心课程奠定基础。

本书依据教育部课程思政示范项目和职业教育国家在线精品课程建设的总体要求,制定相关的教学标准和课程规划。在知识篇,按照"受力分析→平面力系→空间力系→摩擦→材料力学概述→轴向拉伸与压缩→剪切与挤压→圆轴扭转→梁的弯曲→组合变形→压杆稳定→动载荷与交变应力"的内容主线,构建知识和能力体系;在应用篇,精选6个力学分析案例为任务,为读者打下必要的力学基础知识和培养工程实践中的力学意识。

本书可作为高职本科相关专业的力学课程教材,也可供相关工程技术人员参考。

授课教师如需本书配套的教学课件资源,可发送邮件至邮箱 gzjx@pub.hep.com.cn 获取。

图书在版编目(CIP)数据

工程力学基础 / 张长英主编 . --北京:高等教育出版社,2023.5

ISBN 978-7-04-060049-0

Ⅰ.①工… Ⅱ.①张… Ⅲ.①工程力学-高等职业教育-教材 Ⅳ.①TB12

中国国家版本馆 CIP 数据核字(2023)第 037022 号

工程力学基础
GONGCHENG LIXUE JICHU

| 策划编辑 | 张　璋 | 责任编辑 | 张　璋 | 封面设计 | 张雨微 | 版式设计 | 杨　树 |
| 责任绘图 | 黄云燕 | 责任校对 | 张　然 | 责任印制 | 存　怡 | | |

出版发行	高等教育出版社	网　　址	http://www.hep.edu.cn
社　　址	北京市西城区德外大街4号		http://www.hep.com.cn
邮政编码	100120	网上订购	http://www.hepmall.com.cn
印　　刷	北京市大天乐投资管理有限公司		http://www.hepmall.com
开　　本	787 mm×1092 mm　1/16		http://www.hepmall.cn
印　　张	14.25		
字　　数	330 千字	版　　次	2023 年 5 月第 1 版
购书热线	010-58581118	印　　次	2023 年 5 月第 1 次印刷
咨询电话	400-810-0598	定　　价	38.80 元

本书从"统筹职业教育、高等教育、继续教育协同创新，推进职普融通"的思路出发，力求体现技能型和应用型特色，围绕相关专业的人才培养目标，按照强化基础、突出实用的原则进行内容设计与开发，以工程力学的基本概念和公理为基础，对工程构件进行受力分析和强度校核，通过实践训练巩固理论知识。本书具备以下特色和创新。

（1）职业导向，专创融合。锚定装备制造大类各专业的新技术、新工艺、新标准和新规范，突出职业教育本位，聚力基础、聚焦创新，弘扬精益求精的工匠精神。

（2）价值引领，突出思政。结合教育部课程思政示范项目的建设，深入挖掘知识点和技能点中蕴涵的思政元素，将"立德树人"的根本任务贯穿于内容编写的全过程，在"润物细无声"的知识传授中融入理想信念及社会主义核心价值观，在潜移默化中激发学生的责任感、使命感和爱国热情，使其树立为中华民族伟大复兴而奋斗的信念。

（3）科教融汇，技术创新。融合互联网技术，立志教学方法改革，创新教材新形态。充分发挥纸质教材体系完整、数字化资源呈现多样和个性化学习的优势，运用现代信息技术，与职业教育国家在线精品课程进行有机整合，逐步推进线上与线下相结合的混合式教学。

本书由南京工业职业技术大学张长英教授任主编，编写分工为：南京工业职业技术大学张长英编写知识篇的单元 1、2、4、5、6、7、11 和应用篇；扬州工业职业技术学院崔海军编写知识篇的单元 8、9、10；南京工业职业技术大学李勤涛编写知识篇的单元 3、12。此外，张长英负责编写所有单元的习题与思考部分。

鉴于编者水平有限，书中难免有疏漏和欠妥之处，恳请同行和读者批评指正，以便在重印或再版时不断提高和完善。

作 者
2022 年 11 月

目录

知 识 篇

应 用 篇

任务 1 鲤鱼压钳的省力分析

任务 2 建筑结构中桁架的内力分析

任务 3 攀登脚套钩的力学分析

任务 4 迈腾2.0发动机气缸盖安装螺钉的选用

任务 5 5t桥式起重机承载能力的提升

任务 6 二爪轴承拉马的强度校核

参考文献

知 识 篇

单元 1

受力分析

🔗 课件 1.1

1.1 力 与 平 衡

1.1.1 力与力系

🔗 微课
基本概念及公理

力是物体间的相互作用,可使物体的运动状态或形状发生改变,前者是力的外效应,后者是力的内效应。静力学主要研究力的外效应,材料力学则主要研究力的内效应。如图 1-1 所示,台球被击打后,由静止状态变为运动状态,即物体的运动状态发生改变,称为**力的外效应**;弹簧被拉伸后产生变形,即物体的形状发生改变,称为**力的内效应**。

图 1-1 力的外效应和内效应

　　力是矢量，其对物体的作用效应取决于力的三要素：力的大小、方向（包括方位和指向）和作用点。这三个基本要素中，若改变其中任何一个，力的作用效果就会有所不同。如图 1-2a 所示，作用在活动扳手上的力，因其大小不同，或方向不同，或作用点不同，而产生不同的效果。对于物体而言，**力是定位矢量**，按照国际单位制，力的单位为牛顿（N）或千牛顿（kN）。

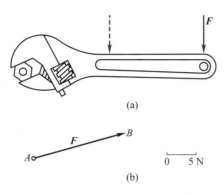

图 1-2　力的三要素

　　如图 1-2b 所示，力可以用一个具有方向的线段表示，即线段的长度（按一定的比例尺）表示**力的大小**；箭头的指向表示**力的方向**；起点 A 或终点 B 均可表示**力的作用点**；通过 A、B 两点的连线及其延伸，称为**力的作用线**。

　　作用在物体上的一组力称为**力系**，若两个力系对同一物体的作用效应完全相同，则称这两个力系互为**等效力系**。在不改变力系对物体作用效应的前提下，可用一个简单的力系代替复杂的力系，这一过程称为**力系的简化**。特殊情况下，若一个力与一个力系等效，则该力称为力系的**合力**，且力系中各力称为该合力的**分力**。

　　需注意：等效力系只是不改变原力系对物体作用的外效应，内效应将随力的作用位置等的改变而有所不同。

　　通常情况下，可根据力系中各力作用线的分布情况将力系分为：

　　（1）平面力系　各力的作用线都在同一平面内的力系；

　　（2）空间力系　各力的作用线不在同一平面内的力系。

　　在这两类力系中，各力的作用线均相交于一点的力系称为**汇交力系**；各力的作用线互相平行的力系称为**平行力系**；各力的作用线不全交于一点的力系称为**一般力系**（或任意力系）。

1.1.2　集中力与均布力

　　物体的受力一般是通过物体之间直接或间接接触而作用的，接触处大多不是一个点，而是具有一定尺寸的线段（或面积、体积）。当力的作用范围与物体本身的面积（或体积）相比很小时，可以将其抽象简化为作用于一点的**集中力**，该点即为集中力的作用点。当力的作用范围较大，且均匀分布在某一线段（或面积、体积）内时，则可称其为**均布力**（或均布载荷）。集中力与均布力的作用情况如图 1-3 所示。

　　当力均匀地分布在某一线段上时，称为线均布力（或线均布载荷）；当力均匀地分布

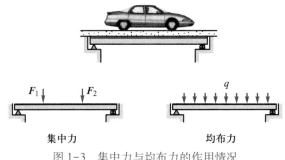

图 1-3　集中力与均布力的作用情况

在某一面上时，称为面均布力（或面均布载荷）；当力均匀地分布在某一体积上时，称为体均布力（或体均布载荷）。

均布载荷的强弱程度常用**载荷集度** q 来表示，其单位为 N/m（或 N/m^2、N/m^3）或 kN/m（或 kN/m^2、kN/m^3）。对于载荷集度为 q 的均布载荷，可以证明其合力的大小等于载荷集度 q 与其分布区域长度 l（或面积 S、体积 V）的乘积，即 $F_q = ql$（或 $F_q = qS$、$F_q = qV$），合力的作用线通过分布区域的几何中心，其方向与均布载荷相同。

1.1.3　平衡

平衡是指物体相对于惯性参考系处于静止或做匀速直线运动的状态，对于一般的工程问题，可以将固结在地球上的参考系作为惯性参考系来研究相对于地球的平衡问题。例如，机床的床身、在直线轨道上做匀速运动的火车等。使物体保持平衡的力系称为**平衡力系**，平衡力系所应满足的条件称为力系的**平衡条件**。

1.2　刚体的概念与静力学公理

　课件 1.2

静力学主要研究物体在力系作用下处于平衡的规律，不涉及物体的运动。物体是指人们在工程及生产实践中所接触到的具体对象的统称，如机器的零部件，建筑结构中的梁、柱及各类工具等。

静力学在工程实际中具有广泛的应用，如在设计处于平衡状态的机械零部件时，首先需进行受力分析，其次可应用平衡条件求出未知力，最后再研究各零部件的承载能力。因此，静力学是工程力学的基础。

1.2.1　刚体

多数情况下，物体的变形对于研究物体的平衡问题影响甚微，可忽略不计，近似认为这些物体在受力状态下是不变形的。这种假想的、代替真实物体的力学模型称为**刚体**，静力学研究刚体在力系作用下平衡的规律，因此又称为刚体静力学。刚体静力学主要研究力系的简化、等效替换及其平衡条件。

1.2.2　静力学公理

在长期的生活和生产实践中，人们总能发现和总结出一些最基本的力学规律。静力学公理是静力学中已被实践反复证实并被认为无须证明的最基本的原理，其正确地反映了客观规律，并成为演绎和推导整个静力学理论的基础。

1. 力的平行四边形法则

作用于物体同一点上的两个力，可以合成为一个合力，此合力的作用点仍在该点，其大小和方向由以两分力为邻边构成的平行四边形的对角线确定。

运用力的平行四边形法则（图 1-4a）求合力的方法称为**矢量加法**，合力 F_R 矢量等于原来的两个力 F_1、F_2 矢量之和，即

$$F_R = F_1 + F_2 \tag{1-1}$$

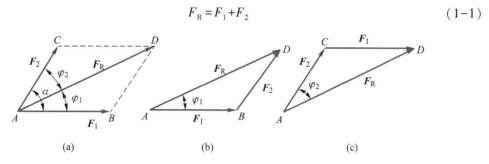

图 1-4 运用力的平行四边形法则求合力

如图 1-4b 所示，运用平行四边形法则求合力时，可以不画出整个力的平行四边形，而只要以第一个力 F_1 矢量终点作为起点，画出第二个力 F_2 矢量（即两个分力首尾相接），则 $\overrightarrow{AD}$ 就是合力 F_R 矢量。这个 $\triangle ABD$ 称为力三角形，这种求合力的方法称为**力三角形法**。如果先画 F_2 矢量，后画 F_1 矢量，也能得到相同的合力 F_R 矢量，如图 1-4c 所示。由此可见，分力绘制的先后次序并不影响合力 F_R 矢量的大小及方向。此外还应注意，力三角形只表示合力的大小和方向，而不表示其作用点或作用线。

2. 二力平衡公理

当一个刚体受两个力作用而处于平衡状态时，其充分与必要条件是：这两个力大小相等、方向相反，且作用在同一直线上，如图 1-5 所示。这个公理揭示了作用于物体上最简单的力系在处于平衡状态时所满足的条件，它是静力学中最基本的平衡条件。

图 1-5 二力平衡公理

在两个力作用下并处于平衡的物体称为二力体，机械和建筑结构中的二力体通常被称为**二力构件**（此时这些构件的自重不计），其判断方法为：

（1）构件上只受两个力的作用，且其方向一般都是不确定的；

（2）构件保持平衡，且不受其他力的作用。

应用二力构件的概念，可以方便地判定工程结构中某些构件的受力方向。如图 1-6 所示三铰拱桥结构的 AB 部分，当车辆不位于该部分且不计自重时，它只可能通过 A、B 两点受力，是一个二力构件，故 A、B 两点的作用力必沿 AB 连线的方向。

3. 加减平衡力系公理

在作用于刚体的任一力系上，增加或减去任意的平衡力系，不会改变原力系对刚体的外效应。此时，增加或减去平衡力系后所得到的新力系与原力系互为等效力系，如图 1-7 所示。

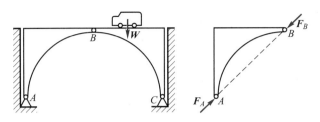

图 1-6　二力构件的应用

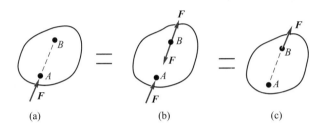

图 1-7　加减平衡力系公理及力的可传性推论

加减平衡力系公理对研究力系的简化问题非常重要，在推导很多定律时都会用到。但此公理仅适用于刚体，因为平衡力系不影响刚体的运动状态。若考虑物体的变形，则增加或减去一个平衡力系时，将会影响物体的变形情况。

运用二力平衡公理和加减平衡力系公理，可得到以下两个重要推论。

（1）力的可传性推论　指作用在刚体上某点的力，可沿其作用线移至刚体内任意一点，并不改变此力对刚体的外效应，如图 1-7a、c 所示。

推论表明：对刚体而言，力的作用点不再是决定力的作用效应的一个要素，而应被力的作用线所取代。因此，作用于刚体上的力的三要素为力的大小、方向和作用线，这样的力矢量称为**滑移矢量**。

但是，在研究力对物体的内效应（变形效应）时，力是不能沿其作用线进行移动的。如图 1-8a 所示，在沿可变形直杆轴线的两端，施加大小相等、方向相反的一对力 F_1 和 F_2 时，杆件将产生拉伸变形。若将力 F_1 和 F_2 交换位置，如图 1-8b 所示，杆件将产生压缩变形。因此，**力的可传性仅适用于刚体**。

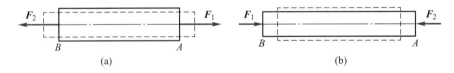

图 1-8　可变形直杆的拉伸与压缩

（2）三力平衡汇交定理　如图 1-9 所示，刚体在同一平面内分别于 A、B、C 三点受三个互不平行的力 F_1、F_2 和 F_3 的作用并保持平衡。根据力的可传性推论，可将力 F_1 和 F_2 沿其作用线移动至它们的交点 O，根据力的平行四边形法则，此二力可合成为一合力 F_{R12}，其中 $F_{R12}=F_1+F_2$。再根据二力平衡公理，可知 F_{R12} 和 F_3 必然大小相等、方向相反，且作用在同一条直线上。所以，力 F_3 的作用线也必然通过 F_1 和 F_2 的交点 O，即此三个力的作用线汇交于一点。

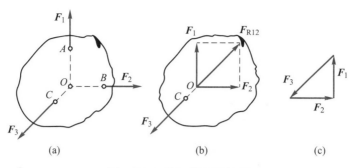

图 1-9　三力平衡汇交定理

4. 作用与反作用公理

两物体间存在作用力与反作用力，这两个力大小相等、方向相反、沿同一直线，且分别作用在两个物体上。

以一对相互啮合的直齿圆柱齿轮为例，如图 1-10 所示，主动齿轮 1 给从动齿轮 2 一个作用力 F_n，推动从动齿轮 2 绕轴 O_2 转动，同时从动齿轮 2 也会给主动齿轮 1 一个反作用力 F'_n，这两个力大小相等、方向相反、沿同一直线，但分别作用在两个齿轮上。

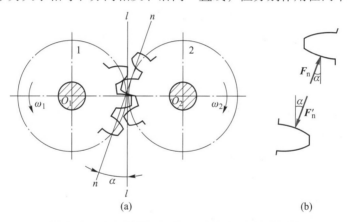

图 1-10　直齿圆柱齿轮在啮合过程中的受力分析

这个公理就是牛顿第三定律，说明力永远是成对出现的，物体间的作用总是相互的，有作用力就有反作用力，两者总是同时存在，又同时消失。

拓展知识　刚化原理

如图 1-11a 所示，柔性绳是变形体，在一对拉力作用下处于平衡，若将柔性绳刚化为刚性杆，如图 1-11b 所示，则其平衡状态保持不变，即能使变形体保持平衡的力系也必然能使刚体平衡；反之则不然，一对压力可使刚性杆平衡，但却不能使柔性绳平衡。由此可知：刚体上力系的平衡条件只是变形体平衡的必要条件，而非充分条件。

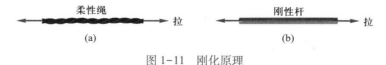

图 1-11　刚化原理

1.3   约束与约束力

课件 1.3

微课
约束与约束力

在工程实际中，常见的机器（或机构）总是由若干零部件（或构件）相互联接而成，此时，它们的运动必然受到牵连和限制。

没有受到其他物体的牵连和限制，可在空间内沿任意方向运动的物体称为**自由体**，如空中飞舞的柳絮等；反之，若物体的运动受到其他物体的牵连，导致其在某些方向的运动受到限制，则称为非自由体（或**被约束体**），如地面奔驰的汽车等。

这些限制条件总是由被约束体周围的其他物体构成的，为方便起见，构成约束的物体被称为**约束**，如铁轨是火车的约束、地面是汽车的约束等。

约束限制了物体本来可能产生的某种运动，故约束条件下，一定有力作用于被约束体，这种力称为**约束力**（或约束反力），其特点为：

（1）约束力总是作用在约束与被约束体的接触位置；

（2）约束力的方向总是与约束所能限制的运动或运动趋势的方向相反。

1.3.1   柔性约束

由柔软且不可伸长的缆索、皮带或链条等形成的约束称为**柔性约束**（或柔索约束），这类约束只能限制物体沿柔索伸长方向的运动，其对物体的约束力只能是拉力，不能是压力，且其作用点必在约束与被约束体的相互接触位置，方向沿约束的中心线且背离被约束体。通常情况下，柔性约束力用 $\boldsymbol{F}_T$ 表示。

如图 1-12 所示吊运中的钢梁，无论绳索捆扎在钢梁底部的何处，作用在钢梁和吊钩上的柔性约束力总是沿着绳索中心线的拉力。

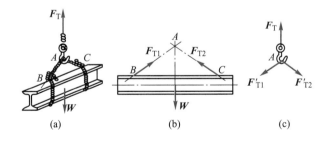

图 1-12   吊运中的钢梁及其受力分析

如图 1-13 所示的带传动机构中，无论转向如何，与带轮接触的传动带受到的约束力只可能是拉力，且沿轮缘的切线方向。

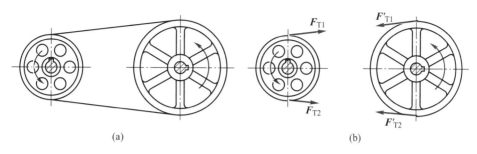

(a)　　　　　　　　　　　　　　　(b)

图 1-13　带传动机构的柔性约束力

1.3.2　刚性光滑面约束

若约束与被约束体都是刚体，二者之间产生刚性接触时，即可产生刚性约束。当物体与约束的接触面之间摩擦很小、可以忽略不计时，则认为接触面是光滑的，这种光滑的平面或曲面对物体的约束称为光滑面约束。

刚性光滑面约束只能限制物体沿接触点公法线方向的运动，无法限制沿接触面切线方向的运动。因此，其约束力必通过接触点，沿接触面的法线方向指向被约束体。刚性光滑面约束力常用 F_N 来表示，如图 1-14a、b 所示分别为光滑曲面对刚性球的约束力和齿轮传动机构中轮齿间的约束力。

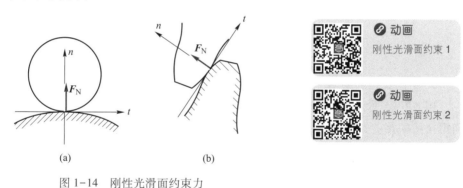

（a）　　　　　　　　（b）

图 1-14　刚性光滑面约束力

1.3.3　光滑圆柱铰链约束

如图 1-15a、b 所示，该结构是用一个圆柱销将两个构件联接在一起的，当不考虑摩擦时，即构成光滑圆柱铰链，简称光滑铰链。物体在这种约束下，彼此间只能绕圆柱销的轴线相对转动，不能发生任何方向的移动。因此，约束力一定

沿接触点的公法线方向，其作用线必通过圆孔中心，如图 1-15c 所示。一般情况下，由于接触点的位置与构件所受的载荷有关，所以约束力的方向是未知的。为计算方便，通常用经过圆孔中心的两个正交分力 F_x、F_y 表示，如图 1-15d 所示。

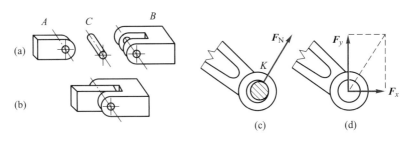

图 1-15　光滑圆柱铰链约束

光滑圆柱铰链约束在工程上的应用十分广泛，可分为以下三类。

1. 固定铰链约束

若铰链的两个构件之一与基础联接，如桥梁的一端与桥墩联接时，常用固定铰链约束，其结构及力学简图如图 1-16 所示。

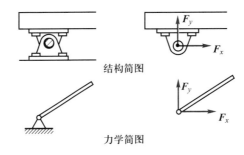

图 1-16　固定铰链约束

2. 中间铰链约束

用来联接两个可以相对转动但不能移动的构件，如曲柄连杆机构中曲柄与连杆、连杆与滑块的联接。通常在两个构件联接处用一个小圆圈表示中间铰链约束，如图 1-17c 所示。

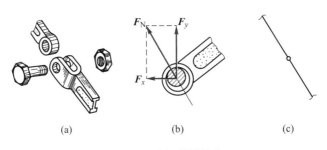

图 1-17　中间铰链约束

需要说明的是，固定铰链及中间铰链的约束力方向属于下列情况时，其方向是可以确定的：

（1）铰链所联接的构件之一是二力构件；

（2）铰链所联接的构件受有一组平行力系作用，则铰链的约束力必与该力系平行。

3. 滚动铰链约束（或辊轴支承约束）

如图 1-18 所示，如果在铰链支座与支承面之间安装有辊轴，则称为滚动铰链约束（或辊轴支承约束）。此时，只能限制构件沿支承面法线方向的运动，所以滚动铰链的约束力 F_N 的方向始终垂直于支承面，且其作用线通过铰链中心。

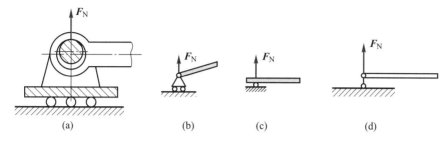

图 1-18　滚动铰链约束

桥梁（或屋架）建筑中常采用这种结构，主要是考虑到由于温度的改变，桥梁（或屋架）的长度会有一定量的伸长或缩短，为使这种伸缩自由，辊轴可以沿伸缩方向做微小的滚动，以保障建筑结构的安全。

需要说明的是，某些工程结构中的辊轴支承，既可限制被约束体向下运动，也可限制其向上运动。因此，约束力 F_N 始终垂直于支承面，既可能背离支承面，也可能指向支承面（这种约束属于双面约束）。

 拓展知识　轴承约束

轴承约束是工程中常见的支承形式，其约束力的分析方法与光滑圆柱铰链约束基本相同。

1. 向心轴承

支承传动轴的向心轴承（图 1-19a）也是一种固定铰链约束，其力学简图如图 1-19b 所示。

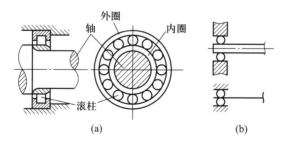

图 1-19　向心轴承约束

2. 推力轴承

推力轴承（图 1-20a）除了与向心轴承一样，具有作用线不确定的径向约束力外，由于限制了轴的轴向运动，因而还有沿轴线方向的约束力（图 1-20b），其力学简图如图 1-20c 所示。

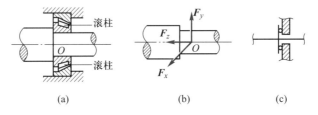

图 1-20　推力轴承约束

1.3.4　固定端约束

固定端约束是将被约束体插入、焊接或铆接在固定的机架或基础上，被约束体的一端与约束固结为一体，既不能移动也不能转动的约束形式。工程中的固定端约束应用广泛，如车床三爪自定心卡盘对工件的约束、大型机械中立柱对横梁的约束、房屋结构中墙壁对雨棚的约束、客机机身对机翼的约束等，如图 1-21 所示。

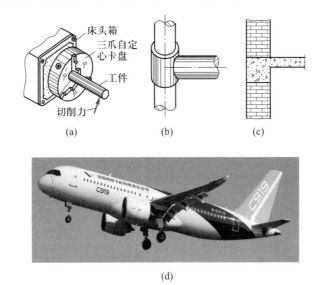

图 1-21　固定端约束

固定端约束力是由约束与被约束体紧密接触而产生的一个分布力系，当外力为平面力系时，约束力也必然构成平面力系。由于该力系中各力的大小与方向均难以确定，故可将其简化为一对正交的分力 F_{Ax}、F_{Ay} 和一个阻止转动的力偶 M_A，如图 1-22 所示。该力系的分析及应用将在单元 2 中进行讲述。

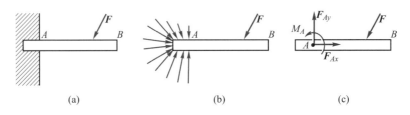

图 1-22　固定端的简图及其约束力

1.4　物体的受力分析及受力分析图的绘制

求解静力学问题时，需首先进行受力分析，即通过分析和计算，确定所要研究的物体（称为研究对象）受多少个力，分析每个力的大小、方向和作用点。

工程中物体的受力可分为两类：一类是主动地作用于物体、使其产生运动或运动趋势的力，称为主动力，如工作时的载荷、构件的自重，以及风力和电磁力等，这一类力大多是已知的或可以测量的；另一类就是约束力。

进行受力分析时，可根据求解问题的需要，选定一个或几个物体作为研究对象，将其从与周围联系的物体（即约束）中分离出来，用简单的线段单独绘制出简图（这一步骤称为**取分离体**）；然后在分离体上画出它所承受的全部主动力和约束力，以形象地表达出研究对象的受力情况，这种图形称为**受力分析图**，其绘制步骤和要点为：

（1）根据题意，确定研究对象并解除约束（取分离体），其形状和方位应与原来的物体系统保持一致。

（2）绘制所有作用于分离体上的主动力（一般皆为已知力）。

（3）在分离体解除约束处，根据约束的类型及性质，逐一绘制约束力。此步不能凭主观想象，出现多画或漏画。

（4）在绘制物体系统的受力分析图时，其系统内部的相互作用力（即系统内力）不必绘出。

（5）在绘制物体系统中某个物体的受力分析图时，应注意作用力与反作用力的关系。

（6）对于同一约束力，在系统整体或部分的受力分析图中，其指向应保持一致。

（7）正确判断二力构件，二力构件的受力必沿两作用点的连线。

（8）如果没有特别说明，则物体的重力一般不计，且认为接触面都是光滑的。

【例 1-1】 连杆夹紧机构如图 1-23a 所示，在滑块 A 上作用一主动力 F 使工件夹紧，夹紧力为 F_Q，AB 杆与水平夹角 $\alpha = 30°$，不计 AB 杆及滑块自重，试画出滑块 A、B 的受力分析图。

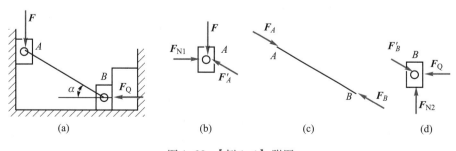

图 1-23　【例 1-1】附图

解：（1）AB 杆的受力分析。由于 AB 杆的自重不计，且只在 A、B 两点受到铰链约束，因此 AB 杆为二力构件。在铰链中心 A、B 处分别受 F_A、F_B 两力的作用，两力大小相等、方向相反。AB 杆的受力分析图如图 1-23c 所示。

（2）滑块 A 的受力分析。滑块 A 的上表面受到已知主动力 F 的作用，在铰链中心受到 AB 杆对它的反作用力 F_A'，A 的左侧表面受到墙作用的约束力 F_{N1}，此三力作用线汇交于 A 点。滑块 A 的受力分析图如图 1-23b 所示。

（3）滑块 B 的受力分析。滑块 B 的右侧表面受到夹紧力 F_Q 的作用，在铰链中心受到 AB 杆作用的反作用力 F_B'，滑块 B 下表面受到底面作用的约束力 F_{N2}，此三力作用线汇交于 B 点。滑块 B 的受力分析图如图 1-23d 所示。

【例 1-2】 如图 1-24a 所示，三铰拱桥由左、右两拱铰接而成。若各拱自重不计，在拱 AC 上作用有工作载荷 F，试画出拱 AC、BC 的受力分析图。

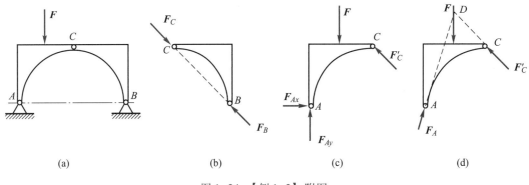

(a)   (b)   (c)   (d)

图 1-24 【例 1-2】附图

解: （1）拱 BC 的受力分析。由于拱 BC 自重不计，且只在 B、C 两处受到铰链约束，因此拱 BC 为二力构件。在铰链中心 B、C 处分别受 F_B、F_C 两力的作用，且 $F_B = -F_C$。拱 BC 的受力分析图如图 1-24b 所示。

（2）取拱 AC 为研究对象。由于拱 AC 自重不计，因此主动力只有工作载荷 F。拱 AC 在铰链 C 处受到拱 BC 对它的约束力 F_C' 的作用，根据作用和反作用公理，$F_C' = -F_C$。拱 AC 在 A 处受到固定铰链对它的约束力 F_{NA} 的作用，由于方向未知，可用两个大小未知的正交分力 F_{Ax} 和 F_{Ay} 代替，如图 1-24c 所示。

（3）拱 AC 的进一步受力分析。由于拱 AC 在 F、F_C' 和 F_{NA} 三个力作用下平衡，故可根据三力平衡汇交定理，确定铰链 A 处约束力 F_{NA} 的方向。如图 1-24d 所示，D 点为力 F 和 F_C' 作用线的交点，当拱 AC 平衡时，约束力 F_{NA} 的作用线必通过 D 点。至于 F_{NA} 的实际指向，后期可由平衡方程确定。

【例 1-3】 图 1-25a 所示为一管道支架系统，支架的两根杆 AB 和 CD 在 E 点铰接，在 J、K 两点用水平绳索相连，已知管道的重力为 W。不计摩擦和支架、绳索的自重，试画出管道、杆 AB、杆 CD 及整个管道支架系统的受力分析图。

解: （1）取管道为研究对象。管道上作用有主动力 W，在 M 和 N 两处为刚性光滑面约束，其约束力 F_M 和 F_N 分别为垂直于杆 AB 和 CD 并指向管道中心的压力，于是可得到管道的受力分析图，如图 1-25b 所示。

（2）取杆 AB 为研究对象。杆 AB 在 M 处受到的作用力 F_M'（F_M 的反作用力），其指向

应与 F_M 相反；E 处为中间铰链，其约束力可用两个正交分力 F_{Ex} 和 F_{Ey} 表示；J 处为柔索约束，约束力 F_J 为沿着柔索方向的拉力；B 处为刚性光滑面约束，约束力 F_B 为垂直于光滑面的压力，即方向垂直向上。于是可得到杆 AB 的受力分析图如图 1-25c 所示。

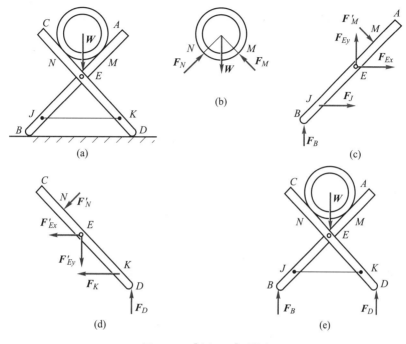

图 1-25 【例 1-3】附图

（3）杆 CD 的受力分析与杆 AB 的受力分析基本相同，故不再赘述。其受力分析图如图 1-25d 所示。

（4）取整个管道支架系统为研究对象。由于 M、N、E、J、K 各处的约束力都是系统的内力，不应画出，故只需画出系统的主动力 W 和 B、D 两处的约束力 F_B 和 F_D 即可，于是可得到整个管道支架系统的受力分析图如图 1-25e 所示。

习题与思考

1-1   如图 1-26 所示，对于三铰拱架上的作用力 F，可否依据力的可传性原理把它移到 D 点？为什么？

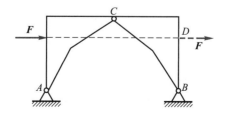

图 1-26 习题与思考 1-1 附图

1-2   指出图 1-27 所示的结构中，哪些构件是二力构件？判断其约束力的方向能否确定。

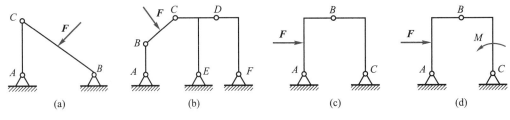

图 1-27   习题与思考 1-2 附图

1-3   判断题：

（1）力的可传性推论和加减平衡力系公理只适用于刚体。　　　　　　（　　）

（2）两个大小相等、方向相反的力一定会构成平衡力系。　　　　　　（　　）

（3）作用于同一物体上的两个力使物体处于平衡的充分与必要条件是：这两个力大小相等、方向相反，且沿同一条直线。　　　　　　（　　）

（4）平面汇交力系作用于刚体时，若所有的力在力系平面内某一轴上投影的代数和为零，则该刚体不一定平衡。　　　　　　（　　）

（5）绳索在受到等值、反向、沿绳索的二力作用时，并非一定是平衡的。　（　　）

（6）用圆柱销构成的铰链联接只能限制两个零件的相对移动，而不能限制两个零件的相对传动。　　　　　　（　　）

1-4   填空题：

（1）力对物体的作用效果一般分为_____效应和_____效应。

（2）一个力可以分解为两个力，力的分解也按平行_____法则进行。

（3）两物体间的作用力与反作用力总是同时存在的，这两个力大小相等、方向_____，且沿同一直线，分别作用在两个物体上。

（4）在任一力系中增加或减去一对_____，不会影响原力系对刚体的作用效果。

（5）若两力系对物体的作用效果相同，则称这两个力系互为_____。

（6）作用于刚体上的力可沿其_____移动到刚体内任意一点而不改变原力对刚体的作用效应。

1-5   画出图 1-28 所示各物体的受力分析图，未画重力的物体均不计自重，所有接触面均为光滑面。

1-6   图 1-29 所示的结构均由刚性直角弯杆 AC 和 BC 组成，若在图 a 中将力 F 沿其作用线由 D 点移至铰链中心 C（如图 a 中虚线所示），则_____；若在图 b 中将力 F 沿其作用线由 E 点移至铰链中心 G（如图 b 中虚线所示），则_____。（选自第五届江苏省大学生力学竞赛）

① 支座 A、B 的约束力将发生变化；

② 支座 A、B 的约束力将保持不变。

1-7   如图 1-30 所示，由不计自重的两杆 AC 和 BD 组成的结构受不同载荷的作用，请在各图中画出 A、B 两处约束力的方向。（选自第五届江苏省大学生力学竞赛）

1-8   如图 1-31 所示，不计自重的杆 AB 的 A 端为固定铰支座，请在 B 端设置一种约束，使该杆在中点 C 处受到力 F 的作用时能保持平衡，并使 A 端所受约束力的作用线与杆

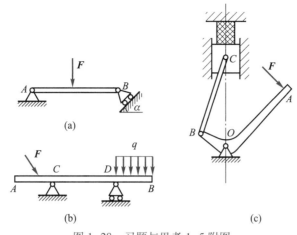

图 1-28　习题与思考 1-5 附图

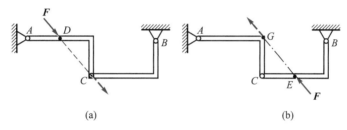

图 1-29　习题与思考 1-6 附图

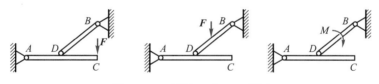

图 1-30　习题与思考 1-7 附图

AB 成 135°的夹角，则 B 端的约束是_____（请填写一种约束，并在原图中画出结构简图）。（选自第五届江苏省大学生力学竞赛）

　　1-9　如图 1-32 所示，各结构中的构件均为刚性的，且不计各构件自重，则当力 F 沿其作用线移到 D 点时，B 处受力会发生改变的情况是图_____。（选自第七届江苏省大学生力学竞赛）

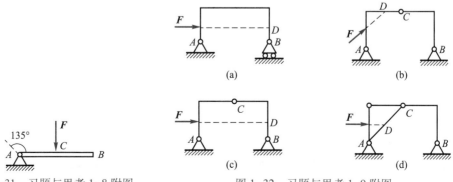

图 1-31　习题与思考 1-8 附图　　　　　图 1-32　习题与思考 1-9 附图

单元 2

平面力系

学习目标: 掌握平面汇交力系和平面力偶系的平衡条件、平面一般力系的简化结果,能熟练地对合力、合力偶进行分析和计算,通过列出平衡方程,准确地求解平面物体系统中未知的约束力。

单元概述: 力系有各种不同的类型,其合成结果及平衡条件也各不相同。当作用于同一个物体上所有力的作用线均位于同一平面时,称此物体受到一个平面力系的作用。本单元的重点包括正确理解并列出平面一般力系的平衡方程,并由此求解未知的约束力;难点是平面物体系统的平衡问题。

按照力系中各力的作用线的分布情况,平面力系可分为平面一般力系和平面特殊力系(如平面汇交力系和平面力偶系等),各种类型的力系在工程实际中均可能会遇到。

2.1 平面汇交力系

课件 2.1

平面汇交力系是指物体所受各力的作用线均在同一平面内,且汇交于一点的力系。对于刚体而言,可以运用力的可传性推论,将这些力沿其作用线移至汇交点,如图 2-1 所示。

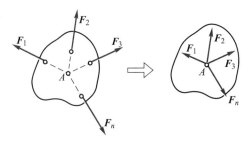

图 2-1 平面汇交力系的简化

平面力系中各力的大小及方向在几何上可用一段带有箭头的有向线段表示,其长度表示力的大小,箭头表示力的方向,有向线段的起点(或终点)表示力的作用点的位置。因为力的大小与其在坐标轴上的投影存在直接的联系，因此，为便于分析各个不同方向的力，需引入投影的方法。

2.1.1 力在坐标轴上的投影

如图 2-2 所示，在平面直角坐标系中，通过表示力 F 的线段的两端分别向 x 轴和 y 轴引垂线，得到垂足 x_A、y_A、x_B、y_B。线段 $x_A x_B$ 和 $y_A y_B$ 分别为力 F 在 x 轴和 y 轴上投影的大小，投影的正负号规定为：从 x_A 到 x_B（或从 y_A 到 y_B）的指向与坐标轴正向一致时为正；反之为负。F 在 x 轴和 y 轴上的投影分别计作 F_x、F_y。

微课
力在坐标轴上的投影

若将力 F 在 x、y 轴上的投影 F_x、F_y 赋予由力的起点指向终点的方向，则可以得到力 F 在两坐标轴上的分力 F_x、F_y。在直角坐标系中，这两个分力的作用线相互垂直，称为力 F 的正交分力，如图 2-3 所示。需要注意的是：**力在轴上的投影是代数量，而分力是矢量，二者不可混为一谈。**

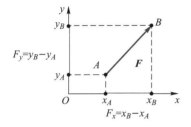

图 2-2　力 F 在坐标轴上的投影 F_x、F_y　　图 2-3　力 F 及其正交分力 F_x、F_y

此外，合力 F 与其正交分力 F_x、F_y 之间还满足如图 2-4 所示的几何关系：将正交分力的作用线首尾相接，从第一个分力的起点到最后一个分力的终点的连线即为合力的作用线。若分力不是正相交关系，或分力的个数多于两个时，以上分力与合力的几何关系仍然存在，即分力的作用线首尾相连后，与合力的作用线总能构成一个封闭的多边形。

图 2-4　合力与分力
之间的几何关系

由图 2-3 可知：合力的大小 F 与正交分力的大小 F_x、F_y 之间满足式（2-1）；合力 F 的作用线与 x 轴方向的夹角 α（通常取锐角）表明合力的位置，满足式（2-2）。

$$F = \sqrt{F_x^2 + F_y^2} \tag{2-1}$$

$$\tan\alpha = \left| \frac{F_y}{F_x} \right| \tag{2-2}$$

当计算多个力 $F_i(i=1,2,\cdots,n)$ 的合力 F 的大小时，可取两个分力应用式（2-1）得到中间合力，再将中间合力依次与后续的各分力逐次应用式（2-1）求和，即可得到最终的合力 F。

2.1.2 合力投影定理

运用解析法研究平面力系的思路是将平面力系中各力分别向 x 轴和 y 轴作投影，将每

个力 F_i 分解为两个正交分力 F_{ix}、F_{iy}，然后分析并计算出 x 轴上各分力 F_{ix} 的合力 F_{Rx}、y 轴上各分力 F_{iy} 的合力 F_{Ry}，再将 F_{Rx} 和 F_{Ry} 合成为合力 F_R，即为原平面力系的等效力系，从而对原平面力系进行了简化。

合力投影定理建立了合力的投影与分力的投影之间的关系，如图 2-5 所示，物体上受一平面汇交力系 F_1、F_2 和 F_3 的作用，将各力向 x 轴上投影，由图可见 $ad=ab+bc-cd=ab+af-ae$。

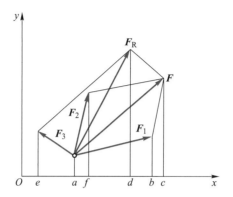

图 2-5　合力投影定理中的合力与分力

按照力的投影定义，该式左端为合力 F_R 的投影，右端为三个分力 F_1、F_2 和 F_3 的投影的代数和，所以：$F_{Rx}=F_{1x}+F_{2x}+F_{3x}$。

同理，可以证明：$F_{Ry}=F_{1y}+F_{2y}+F_{3y}$。

显然，这个结果可以推广至平面汇交力系有 n 个力的情况，即：

$$F_{Rx}=\sum_{i=1}^{n}F_{ix}=F_{1x}+F_{2x}+\cdots+F_{nx} \tag{2-3}$$

$$F_{Ry}=\sum_{i=1}^{n}F_{iy}=F_{1y}+F_{2y}+\cdots+F_{ny} \tag{2-4}$$

于是可得结论：合力在任一轴上的投影等于各分力在同一轴上投影的代数和，这就是**合力投影定理**。

2.1.3　平面汇交力系的合成

如图 2-6 所示，由合力投影定理可得合力 F_R 的大小和方向为：

$$\begin{cases} F_R=\sqrt{F_{Rx}^2+F_{Ry}^2}=\sqrt{\left(\sum_{i=1}^{n}F_{ix}\right)^2+\left(\sum_{i=1}^{n}F_{iy}\right)^2} \\ \alpha=\arctan\left|\dfrac{F_{Ry}}{F_{Rx}}\right| \end{cases} \tag{2-5}$$

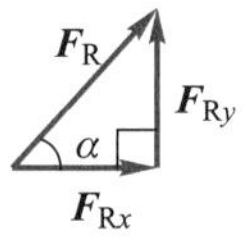

图 2-6　合力及其正交分力

式（2-5）中，α 是 F_R 与 x 轴正向间的夹角，F_R 的指向可根据 F_{Rx}、F_{Ry} 的正负号来确定。

【例 2-1】固定于房顶的吊钩上作用有三个力 F_1、F_2、F_3，其大小与方向如图 2-7 所示，请用解析法求此三力的合力。

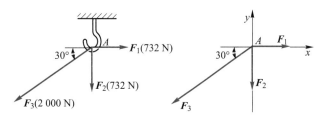

图 2-7 【例 2-1】附图

解：（1）计算合力的两个正交分力：

$$F_{Rx} = \sum_{i=1}^{3} F_{ix} = F_{1x} + F_{2x} + F_{3x} = F_1 + 0 - F_3\cos30° \approx -1000\,\text{N}$$

$$F_{Ry} = \sum_{i=1}^{3} F_{iy} = F_{1y} + F_{2y} + F_{3y} = 0 - F_2 - F_3\sin30° = -1732\,\text{N}$$

（2）按式（2-5）计算合力的大小及方向：

$$F_R = \sqrt{F_{Rx}^2 + F_{Ry}^2} = 2000\,\text{N}$$

$$\alpha = \arctan\left|\frac{F_{Ry}}{F_{Rx}}\right| \approx 60°$$

所以，合力的大小为 2000 N，其方向与 x 轴的正向夹角为 120°（位于第三象限）。

2.1.4 平面汇交力系的平衡条件

判断一个平面汇交力系是否能使所作用的物体处于平衡状态，可归结为判断该力系的合力是否为零，由式（2-5）可知，平面汇交力系的平衡条件为 $F_R = \sqrt{F_{Rx}^2 + F_{Ry}^2} = 0$，或：

$$\begin{cases} F_{Rx} = \sum F_x = 0 \\ F_{Ry} = \sum F_y = 0 \end{cases} \tag{2-6}$$

即力系中各力在两个坐标轴上投影的代数和分别等于零，式（2-6）称为平面汇交力系的平衡方程，这是两个独立的方程，可求解两个未知量。

【例 2-2】 如图 2-8a 所示，一个圆柱体放置于夹角为 α 的 V 形槽内，且用压板 D 夹紧。已知压板作用于圆柱体上的压力为 F，试分析两槽面 B、C 对圆柱体约束力的大小及其影响因素。

解：（1）取圆柱体为研究对象，画出其受力分析图如图 2-8b 所示。

（2）建立直角坐标系，列平衡方程求解未知力。

由式（2-6）可得：

$$\begin{cases} \sum F_x = 0, \quad F_{NB}\cos\dfrac{\alpha}{2} - F_{NC}\cos\dfrac{\alpha}{2} = 0 \\ \sum F_y = 0, \quad F_{NB}\sin\dfrac{\alpha}{2} + F_{NC}\sin\dfrac{\alpha}{2} - F = 0 \end{cases}$$

（3）联立求解，得：$F_{NB} = F_{NC} = \dfrac{F}{2\sin\dfrac{\alpha}{2}}$

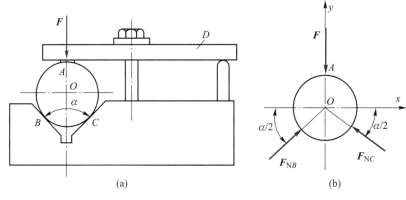

图 2-8　【例 2-2】附图

（4）分析讨论。由结果可知 F_{NB} 和 F_{NC} 均随几何角度 α 的变化而变化，α 越小，两槽面对圆柱体的约束力 F_{NB} 或 F_{NC} 就越大，因此，α 角不宜过小。

课件 2.2

2.2　力矩与力偶

2.2.1　力对点之矩

微课

力矩与力偶

　　由实践经验可知：力的外效应作用可以产生移动和转动两种效应。当力的作用线经延长后恰好通过受力物体的重心或均质物体的形心时，物体发生直线移动；否则，物体将会发生转动。力使物体转动的效应不仅与力的大小和方向有关，还与力的作用点（或作用线）的位置有关。

　　如图 2-9 所示，用扳手拧动螺母时，螺母的转动效应除了与力 F 的大小及方向有关外，还与螺母的转动中心 O 至力作用线的距离 d 有关。距离 d 越大，转动的效应就越强，且越省力；当力的作用线通过螺母的转动中心 O 时，无论施加多大的力，也无法使螺母转动。

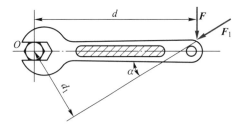

图 2-9　扳手对螺母施加力矩的转动效应

　　由此，可以用力对点之矩来描述力使物体产生转动的效应，其定义为：力 F 对某点 O 的矩等于力的大小与 O 点到力的作用线距离 d 的乘积。力 F 对 O 点之矩称为力矩，用符号 $M_O(F)$ 表示，记作：

$$M_O(\boldsymbol{F}) = \pm F \cdot d \qquad (2\text{-}7)$$

式（2-7）中，O 点称为**矩心**；d 称为**力臂**；正负号则表明 $M_O(\boldsymbol{F})$ 是一个代数量，可以用来描述物体的转动方向。通常规定：平面内使物体绕矩心沿逆时针方向转动的力矩为正，反之为负。力矩的单位为牛·米（N·m）或千牛·米（kN·m）。

由式（2-7）可以看出，力矩在下列两种情况下等于零：

（1）力等于零；

（2）力的作用线通过矩心，即力臂等于零。

需要说明的是：力矩的大小及正负与矩心的位置有关，同样一个力对不同点的矩是不同的。因此，分析力矩时，一定要明确矩心的位置。

2.2.2　合力矩定理

当一个力系有不为零的合力时，有时需要在合力的力臂不易获得的情况下，求解合力对某点之矩。此时，可利用各分力对该点的力矩的代数和进行计算，即合力矩定理。

合力矩定理：平面汇交力系的合力对于平面内任一点之矩，等于各分力对该点之矩的代数和，即：

$$M_O(\boldsymbol{F}_{\mathrm{R}}) = \sum_{i=1}^{n} M_O(\boldsymbol{F}_i) \qquad (2\text{-}8)$$

在平面汇交力系中，当各分力 F_i 的大小和方向均已知时，可利用式（2-8），先计算出每个分力对 O 点的力矩 $M_O(\boldsymbol{F}_i) = \pm F_i \cdot d_i$，然后再将这些力矩求代数和，即为该力系的合力 $\boldsymbol{F}_{\mathrm{R}}$ 对 O 点的力矩 $M_O(\boldsymbol{F}_{\mathrm{R}})$。

合力矩定理建立了平面汇交力系中各个分力之矩与其合力之矩之间的一个非常重要的关系，不仅适用于平面汇交力系，也适合于其他各种力系。

【例 2-3】如图 2-10 所示，一直齿圆柱齿轮受到啮合力 $\boldsymbol{F}_{\mathrm{n}}$ 的作用。已知 $F_{\mathrm{n}} = 1000\,\mathrm{N}$，压力角 $\alpha = 20°$，齿轮节圆（啮合圆）的半径 $r = 500\,\mathrm{mm}$，试计算力 $\boldsymbol{F}_{\mathrm{n}}$ 对轴心 O 的力矩。

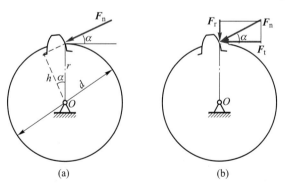

图 2-10　【例 2-3】附图

解 1： 如图 2-10a 所示，根据力矩的定义，即：

$$M_O(\boldsymbol{F}_{\mathrm{n}}) = F_{\mathrm{n}} \cdot h$$

其中，力臂 $h = r\cos\alpha$，故：

$$M_O(\boldsymbol{F}_{\mathrm{n}}) = F_{\mathrm{n}} \cdot r\cos\alpha = 1000\,\mathrm{N} \times 500\,\mathrm{mm} \times \cos20° \approx 4.698 \times 10^5\,\mathrm{N} \cdot \mathrm{mm} = 469.8\,\mathrm{N} \cdot \mathrm{m}$$

解 2： 如图 2-10b 所示，根据合力矩定理，将 $\boldsymbol{F}_n$ 分解为圆周力 $\boldsymbol{F}_t$ 和径向力 $\boldsymbol{F}_r$，则：

$$M_O(\boldsymbol{F}_n) = M_O(\boldsymbol{F}_t) + M_O(\boldsymbol{F}_r)$$

由于径向力 $\boldsymbol{F}_r$ 通过矩心 O，$M_O(\boldsymbol{F}_r) = 0$，所以：

$$M_O(\boldsymbol{F}_n) = M_O(\boldsymbol{F}_t) = F_n\cos\alpha \cdot r \approx 469.8\ \text{N} \cdot \text{m}$$

2.2.3　力偶

在日常生活及生产实践中，常会见到物体受一对大小相等、方向相反，但不在同一作用线上的平行力作用，如图 2-11 所示的司机转动转向盘及钳工转动丝锥等操作。

一对等值、反向、不共线的平行力组成的力系称为**力偶**，记为 $(\boldsymbol{F}, \boldsymbol{F}')$，力偶对刚体作用的外效应是使其单纯地产生转动变化。

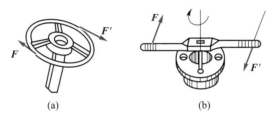

(a)　　　　　　　　　(b)

图 2-11　力偶产生转动效应

如图 2-12 所示，力偶中两个力作用线之间的垂直距离称为**力偶臂**，记为 d；力偶中两个力的作用线所确定的平面称为力偶的**作用面**。力偶的转动效应既与力的大小 F、力偶臂 d 有关，也与力偶的作用面及力偶转动的方向有关。

图 2-12　力偶中的力与力偶臂

力偶中的一个力与力偶臂的乘积称为**力偶矩**，即：

$$M(\boldsymbol{F}, \boldsymbol{F}') = \pm F \cdot d \tag{2-9}$$

通常规定：平面内，产生逆时针转动效应的力偶矩为正，反之为负。

力偶有如下几点性质：

（1）力偶中的两个力在坐标轴上的投影之和始终为零。力偶不能和一个力等效，也不能用一个力平衡，力偶只能用力偶平衡。

（2）力偶与矩心的位置无关，组成力偶的两个力对其作用面内任一点的力矩之和，恒等于该力偶的力偶矩。

（3）力偶可在其作用面内任意移动，而不改变其对刚体的转动效应。换言之，力偶对刚体的作用效应与力偶在其作用面内的位置无关。

（4）保持力偶矩的大小和力偶的转向不变，同时改变力偶中的力的大小和力偶臂的长短时，不会影响其对刚体的转动效应，如图 2-13 所示。

力偶可用一个有方向的弧线段或两端带有箭头的折线表示，如图 2-13 所示为一个逆时针方向旋转、力偶矩 $M = 240\ \text{N} \cdot \text{cm}$ 的力偶。

如图 2-14 所示，转向盘上力偶 $(\boldsymbol{F}_1, \boldsymbol{F}_1')$ 和力偶 $(\boldsymbol{F}_2, \boldsymbol{F}_2')$ 作用效果相同；丝锥上 $F_1 \cdot d_1 = F_2 \cdot d_2$，且 $F_1 < F_2$，更省力。

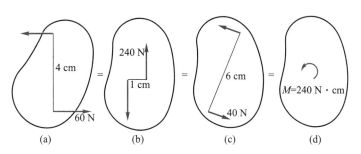

图 2-13 力偶的等效性质

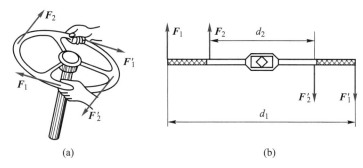

图 2-14 等效力偶的应用

2.2.4 平面力偶系的合成及其平衡条件

一般情况下，作用在刚体上的各个力偶，其力偶矩、转动方向及作用面会各不相同。为了研究方便，先考虑作用在同一平面内的若干力偶。

设在刚体某平面上作用有两力偶，其力偶矩分别为 $M_1(F_1, F_1')$、$M_2(F_2, F_2')$，如图 2-15a 所示。

在平面上任取一线段 $AB=d$ 作为公共力偶臂，将每个力偶转化为一组作用在 A、B 两点的反向平行力，如图 2-15b 所示，根据力系等效条件，有：$F_3 = F_3' = \dfrac{M_1}{d}$，$F_4 = F_4' = \dfrac{M_2}{d}$，于是在 A、B 两点各得一组共线力系，其合力为 F 与 F'，如图 2-15c 所示，且有：

$$F = F' = F_3 - F_4$$

F 与 F' 为一对等值、反向、不共线的平行力，它们组成的力偶即为合力偶，所以有：

$$M = F \cdot d = (F_3 - F_4) \cdot d = M_1 + M_2$$

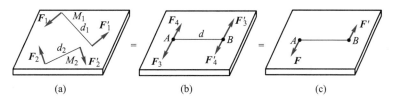

图 2-15 平面力偶系的合成

若在刚体上有 n 个力偶作用，采用上述方法叠加，可得合力偶矩为：

$$M = M_1 + M_2 + \cdots + M_n = \sum M \tag{2-10}$$

式（2-10）表明：平面力偶系合成的结果为一合力偶，合力偶矩为各分力偶矩的代数和。

平面力偶系的合力偶矩可用于判断平面力偶系是否能保持平衡，若一个平面力偶系对刚体的转动效应相互抵消，即合力偶矩为零，则该平面力偶系为平衡力系，其充分与必要条件为：

$$\sum M = 0 \tag{2-11}$$

式（2-11）称为平面力偶系的平衡方程。

2.3 平面一般力系的简化

课件2.3

微课
平面一般力系的简化

所谓平面一般力系是指位于同一平面内的各力的作用线既不汇交于一点，也不互相平行的情况。它是工程实际中最常见的一种力系，工程计算中的许多实际问题都可以简化为平面一般力系问题来进行处理。如图2-16所示的摇臂式起重机及曲柄滑块机构等，其受力都在同一平面内，为平面一般力系。

此外，有些物体实际所受的力虽然明显地不在同一平面内，但由于其结构（包括支承）和所承受的力都对称于某个平面，因此作用于其上的力系仍可简化为平面一般力系。

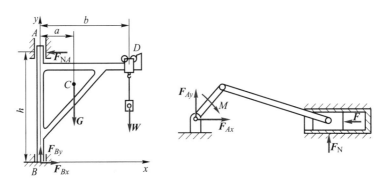

图2-16 平面一般力系

2.3.1 力线平移定理

如图2-17a所示，刚体的 A 点作用了一个集中力 F。根据加减平衡力系公理，可在刚体上任取一点 O，并施加一对与 F 等值且平行的平衡力 F'、F''，如图2-17b所示，则 F 与 F'' 为一对等值、反向、不共线的平行力，组成了一个力偶，其力偶矩等于原力 F 对 O 点之矩，即：$M = M_O(F) = F \cdot d$。

这样，原来作用于 A 点的力 F，就被一个作用在新的作用点 O 的力 F' 和一个附加力偶

$M(F'', F)$ 等效替换，如图 2-17c 所示。

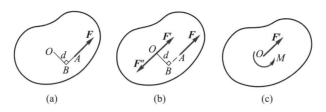

图 2-17 力的平移定理

由此可得**力线平移定理**：作用在刚体上一点的力 F，可以平移至刚体内其他任意一点，但必须同时附加一个力偶，其力偶矩等于原力 F 对新作用点之矩。

力线平移定理有以下几点性质：

（1）力线平移时，力的大小和方向都不改变，但附加力偶矩的大小与正负随新作用点位置的不同而不同。

（2）力线平移的过程是可逆的，即作用于同一平面内的一个力和一个力偶，总可以归纳为一个和原力大小相等的平行力。

（3）力线平移定理是把刚体上平面一般力系分解为一个平面汇交力系和一个平面力偶系的依据。

2.3.2 平面一般力系向作用面内一点的简化

如图 2-18 所示，在刚体上作用有一平面一般力系 F_1、F_2、$\cdots$、F_n，在平面内任取一点 O，称为简化中心。根据力线平移定理，将各力都向 O 点进行平移，可得到一个汇交于 O 点的平面汇交力系 F_1'、F_2'、$\cdots$、F_n'，以及一个平面力偶系 M_1、M_2、$\cdots$、M_n，如图 2-18b 所示。

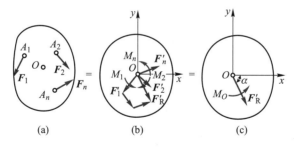

图 2-18 平面一般力系向作用面内一点的简化

其中，平面汇交力系 F_1'、F_2'、$\cdots$、F_n'，可以合成为一个作用于 O 点的合力 F_R'，如图 2-18c 所示。它等于力系中各力的矢量和，即：

$$F_R' = \sum_{i=1}^{n} F_i' = \sum_{i=1}^{n} F_i \qquad (2-12)$$

显然，单独的 F_R' 不能和原力系等效，它被称为原力系的**主矢**。

将式（2-12）写成直角坐标系下的投影形式为：

$$F'_{Rx} = F_{1x} + F_{2x} + \cdots + F_{nx} = \sum F_x$$
$$F'_{Ry} = F_{1y} + F_{2y} + \cdots + F_{ny} = \sum F_y$$

由此，主矢 $\boldsymbol{F}'_R$ 的大小及其与 x 轴正向的夹角 α 分别为：

$$\begin{cases} F'_R = \sqrt{F_{Rx}^2 + F_{Ry}^2} = \sqrt{\left(\sum F_x\right)^2 + \left(\sum F_y\right)^2} \\ \alpha = \arctan\left|\dfrac{F_{Ry}}{F_{Rx}}\right| = \arctan\left|\dfrac{\sum F_x}{\sum F_y}\right| \end{cases} \quad (2\text{-}13)$$

与此同时，附加的平面力偶系 M_1、M_2、$\cdots$、M_n 也可以合成为一个合力偶矩 M_O，即：

$$M_O = M_1 + M_2 + \cdots + M_n = \sum M_O(\boldsymbol{F}) \quad (2\text{-}14)$$

显然，单独的 M_O 也不能和原力系等效，它被称为原力系对简化中心 O 的**主矩**。

由此可见，平面一般力系的作用与其主矢 $\boldsymbol{F}'_R$ 和主矩 M_O 的共同作用等效。根据主矢和主矩的值是否为零，可将平面一般力系向平面内任意一点简化后的结果按以下四种情况分别进行讨论：

（1）$F'_R \neq 0$，$M_O = 0$，说明原力系与一个力等效，$\boldsymbol{F}'_R$ 就是原力系的合力 $\boldsymbol{F}_R$，合力的作用线通过简化中心。

（2）$F'_R = 0$，$M_O \neq 0$，说明原力系与一个平面力偶系等效，其合力偶矩就是主矩。此时，主矩与简化中心的位置无关。

（3）$F'_R \neq 0$，$M_O \neq 0$，此时可将主矢 $\boldsymbol{F}'_R$ 和主矩 M_O 利用力线平移定理的逆过程进一步进行合成。

将主矩 M_O 用与主矢 $\boldsymbol{F}'_R$ 大小相等的一对力偶 $\boldsymbol{F}_R$、$\boldsymbol{F}''_R$ 表示，并使力偶中一个力 $\boldsymbol{F}''_R$ 与主矢 $\boldsymbol{F}'_R$ 构成一对平衡力，如图 2-19 所示。再利用加减平衡力系公理，从刚体上去除这对平衡力，则刚体上仅剩余一个作用于 O' 点的力 $\boldsymbol{F}_R$，即原力系的合力。由此可见，这样的平面一般力系的最终简化结果是作用点不在简化中心的一个力。

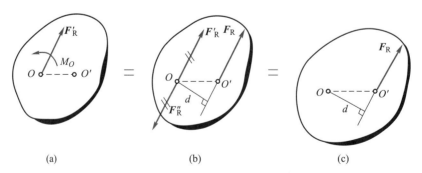

(a)   (b)   (c)

图 2-19   主矢、主矩简化为一个合力

（4）$F'_R = 0$，$M_O = 0$，则原力系为平衡力系。

机械及其结构处于平衡状态是比较常见的情形，因此，平面一般力系的平衡条件及其应用十分广泛。

2.3.3 平面一般力系的平衡条件及平衡方程

平面一般力系的平衡条件为力系的主矢 F'_R 和主矩 M_O 同时为零，即：

$$F'_R = \sqrt{\left(\sum F_x\right)^2 + \left(\sum F_y\right)^2} = 0, \quad M_O = \sum M_O(\boldsymbol{F}) = 0$$

由于合力为零等价于合力的两正交分力同时为零，故平面一般力系的平衡条件可写为平衡方程组的形式，即：

$$\begin{cases} \sum F_x = 0 \\ \sum F_y = 0 \\ \sum M_O(\boldsymbol{F}) = 0 \end{cases} \tag{2-15}$$

式（2-15）是满足平面一般力系平衡的充分和必要条件，所以平面一般力系能列出三个独立的平衡方程，最多可求解三个未知量。

此时应注意：在该方程组中，其前后次序无关紧要，但在利用平衡方程组求解未知的约束力时，为简化计算，常选取未知力最多的点作为矩心，并且先求解力矩的平衡方程，再求解正交分力的投影平衡方程。

用解析表达式表示平衡条件的方式不是唯一的。平衡方程式的形式还有二矩式和三矩式两种形式。

（1）**二矩式**。在原力系作用平面内另选一点为矩心，写出两个力矩平衡方程，加上一个正交分力的投影平衡方程即可构成二矩式平衡方程组：

$$\begin{cases} \sum F_x = 0 \\ \sum M_A(\boldsymbol{F}) = 0 \\ \sum M_B(\boldsymbol{F}) = 0 \end{cases} \tag{2-16}$$

式（2-16）中，A、B 两点为矩心，且其连线不能与投影平衡方程的投影轴垂直。

（2）**三矩式**。三矩式平衡方程组由不共线的三个矩心上的三个力矩平衡方程组成，即：

$$\begin{cases} \sum M_A(\boldsymbol{F}) = 0 \\ \sum M_B(\boldsymbol{F}) = 0 \\ \sum M_C(\boldsymbol{F}) = 0 \end{cases} \tag{2-17}$$

式（2-17）中，A、B、C 三点为平面内不共线的三个点。

需要说明的是：式（2-16）和式（2-17）是物体取得平衡的必要条件，但不是充分条件。对于以上三种类型的平面一般力系平衡方程，在解决具体问题时，可根据已知力系的特征进行选择。例如，力系中未知力分布主要集中在两个不同的点时，选用二矩式平衡方程组求解未知约束力会更加便捷。

2.3.4 平面一般力系平衡方程的应用

平面一般力系平衡方程中包含主动力和未知约束力，且方程均为线性方程，很容易求解。一般情况下，未知力的数目小于或等于独立的平衡方程数目，此时可通过联立平衡方程组，求解出全部的未知力，为后续的内力计算打下基础。

平面一般力系平衡方程的解题步骤如下：

（1）确定研究对象，画出受力分析图。取有已知力和未知力作用的物体，画出其分离体的受力分析图。

（2）列平衡方程组并求解。适当选取坐标轴和矩心，若受力分析图上有两个未知力互相平行，可选垂直于此二力的坐标轴列出投影平衡方程。如不存在两未知力平行，则选任意两未知力的交点为矩心列出力矩平衡方程，先行求解。一般水平和垂直的坐标轴可画可不画，但倾斜的坐标轴必须画出。

【例 2-4】 如图 2-20a 所示，悬臂梁长度为 $2l$，梁上作用有均布载荷 q，在 B 端作用有集中力 $F=ql$ 和力偶 $M=ql^2$，已知 q 和 ql，求固定端 A 的约束力。

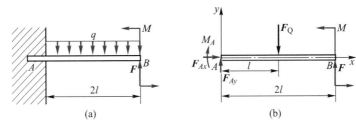

图 2-20　【例 2-4】附图

解：（1）取梁 AB 为研究对象，进行受力分析如图 2-20b 所示。此时，均布载荷 q 可简化为作用于梁中点的一个集中力 $F_Q=q\times 2l=2ql$。

（2）由于是平面一般力系，可按式（2-15）列平衡方程：

$$\sum F_x = 0, \quad F_{Ax} = 0$$

$$\sum M_A(\boldsymbol{F}) = 0, \quad M - M_A + F\times 2l - F_Q\times l = 0, \quad M_A = ql^2 + 2ql^2 - 2ql^2 = ql^2$$

$$\sum F_y = 0, \quad F_{Ay} + F - F_Q = 0, \quad F_{Ay} = F_Q - F = 2ql - ql = ql$$

🔗 课件 2.4

2.4　平面物体系统的平衡

2.4.1　平面物体系统及其平衡方程

🔗 微课
平面物体系统的平衡

机械及其结构大多是由若干个物体通过一定形式的约束组合在一起的，称为物体系统（简称**物系**）。在求解物体系统平衡问题（简称物系平衡问题）、进行受力分析时，应注意内力与外力的区分：所谓**内力**，是指物系内部物体与物体之间的相互作用力；所谓**外力**，是指研究对象以外的其他物体对研究对象作用的力。

由于研究对象既可以是整个物系，也可以是物系中的一个物体或几个相邻物体的组合，所以外力是相对的，是随所选研究对象的不同而改变的。此外，根据作用与反作用公理，内力总是成对出现的，因此，在研究对象的分离体上只需画出它所承受的外力而无须画出内力。

物系平衡时，组成该系统的每一个物体均处于平衡状态。若物系由 n 个物体组成，且 $n = n_1 + n_2 + n_3$。其中：n_1 指受有平面力偶系作用的刚体；n_2 指受有平面汇交力系或平行力系作用的刚体；n_3 指受有平面一般力系作用的刚体。则整个系统可列出 m 个独立的平衡方程，即：

$$m = n_1 + 2n_2 + 3n_3 \tag{2-18}$$

 拓展知识　静定问题与超静定问题

当系统中受力的未知量数目等于独立平衡方程的数目时，则所有未知量均可通过平衡方程联立求解，这样的问题称为**静定问题**。

在工程实际中，对于一些具有重要保护价值、作用特殊的结构，出于安全考虑，同时也为减少结构的变形、增加结构的刚度或强度，通常需在静定结构的基础上增加一些约束，形成有多余约束的结构，从而增加了未知力的数目。如武汉长江大桥采用三联三孔的连续梁结构，图 2-21 所示为其一联三孔的连续梁结构。

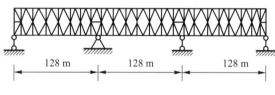

图 2-21　一联三孔的连续梁结构

当这些结构的未知量数目多于平衡方程的数目时，未知量就不能全部由平衡方程求出，这样的问题称为**超静定问题**（也称为静不定问题）。对于超静定问题，通常可以找到一些变形协调条件，如链杆支座处某方向的结构位移实际为零等。利用一些已知的变形条件建立补充方程，可使方程组封闭，最终求解出所有未知的约束力。

2.4.2　平面物系平衡问题的求解方法

求解平面物系的平衡问题时，通常可采用下列步骤：

（1）判断物系是静定问题还是超静定问题，如果物系中所有未知力的数目小于物系所能列出的独立平衡方程的数目，则该物系为静定物系，可通过平衡方程求出所有的未知力。

（2）适当选择研究对象，取分离体，画出研究对象的受力分析图。研究对象可以是物系整体、单个物体，也可以是从物系中按照某个面剖开后，取出的几个相邻物体组成的部分结构。

（3）分析并绘制受力分析图，确定求解的顺序。一般来讲，首先求解的对象通常是主动力和未知力共同作用的物体，而且未知力的数目不超过独立平衡方程的数目（或者说未知力数目少于 3 个）。一般，应先求出位于物系的外缘且有凸出形态的部分物系，如三角形简单桁架的三个顶点等。其次求解的对象也应当符合上述条件，一般是与上一步求解的对象相邻的对象，这样已求出的作用力可根据作用与反作用公理作为已知力的方式传递到相邻的对象上。

（4）按照确定的顺序，依次对研究对象列平衡方程并求解出未知力。

【例 2-5】 如图 2-22a 所示，曲柄连杆机构由曲柄 OA、连杆 AB 和滑块 B 组成，已知作用在滑块上的力 $F=10\sqrt{3}$ kN，若不计各构件的自重及摩擦，求作用在曲柄上的力偶矩能使机构保持平衡时的数值。

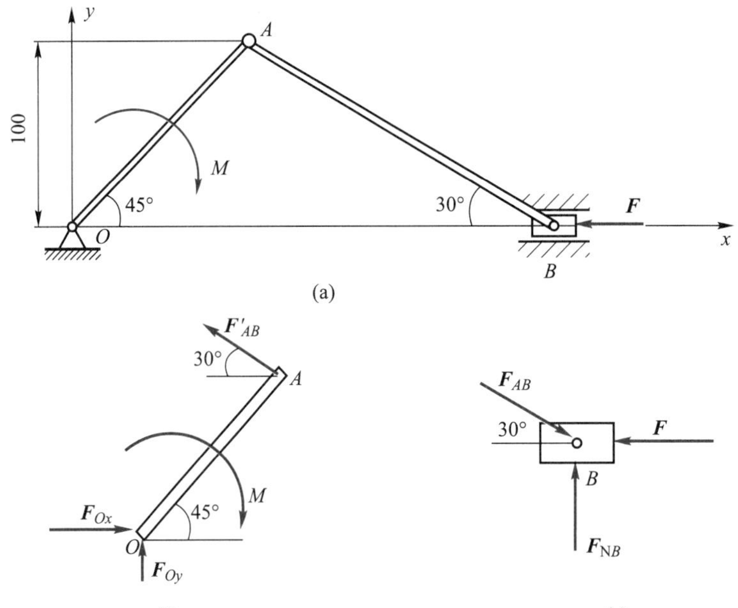

图 2-22 【例 2-5】附图

解： 对于整个物系，它所受的主动力有：M、$\boldsymbol{F}$；未知力有：固定铰链 O 处的约束力，可用两个正交分力 $\boldsymbol{F}_{Ox}$、$\boldsymbol{F}_{Oy}$代替，B 处有一个作用线垂直于滑道的未知力 $\boldsymbol{F}_{NB}$。

（1）取滑块为研究对象，画受力分析图如图 2-22c 所示，列平衡方程：

$$\sum F_x = 0,\quad F_{AB}\cos30° - F = 0,\quad F_{AB} = 20\,\text{kN}$$

（2）取曲柄 OA 为研究对象，画受力分析图如图 2-22b 所示，此时可判断杆 AB 为二力杆，两端作用力为一对平衡力，根据作用与反作用公理，可知 $F'_{AB}=20$ kN，由此列力矩平衡方程：

$$\sum M_O(\boldsymbol{F}) = 0,\quad F'_{AB}\cos30° \times 10\,\text{cm} + F'_{AB}\sin30° \times 10\,\text{cm} - M = 0$$

可得，$M=F'_{AB}\times10\,\text{cm}\times(\cos30°+\sin30°)=20\,\text{kN}\times10\,\text{cm}\times\left(\dfrac{\sqrt{3}}{2}+\dfrac{1}{2}\right)\approx273.2\,\text{kN}\cdot\text{cm}$

习题与思考

2-1　力的投影与力的分解有何区别和联系？

2-2　某平面力系向 A、B 两点简化的主矩皆为零，此力系简化的最终结果可能是一个力吗？可能是一个力偶吗？可能平衡吗？

2-3　什么力系的简化结果与简化中心的位置无关？

2-4　力系对于两个不同的简化中心 O_1 及 O_2 的主矩 M_1 及 M_2 之间存在什么关系？

2-5　试比较力矩与力偶矩的区别与联系。

2-6　在平面一般力系中，若其力多边形自行封闭，则该力系的最后简化结果可能是什么？

2-7　怎样判断静定和超静定问题？如图 2-23 所示，哪些结构是静定的？哪些是超静定的？

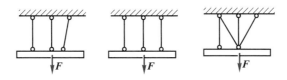

图 2-23　习题与思考 2-7 附图

2-8　判断题：

（1）一平面汇交力系作用于刚体，所有力在力系平面内某一轴上投影的代数和为零，该刚体不一定平衡。　　　　　　　　　　　　　　　　　　　　　　　　　　　（　　）

（2）平面力偶系合成的结果为一合力偶，此合力偶与各分力偶的代数和相等。

（　　）

（3）应用力多边形法则求合力时，若按不同顺序画各分力矢量，最后所形成的力多边形的形状将是不同的。　　　　　　　　　　　　　　　　　　　　　　　　　（　　）

（4）平面一般力系向作用面内任意一点简化，得到的主矢和主矩的大小都与简化中心位置的选择有关。　　　　　　　　　　　　　　　　　　　　　　　　　　　（　　）

（5）若平面一般力系对其作用面内某两点之矩的代数和为零，而且该力系在过这两点连线的轴上投影的代数和也为零，则该力系为平衡力系。　　　　　　　　　（　　）

（6）物体系中的未知约束力的数目若大于所能列出的独立平衡方程的数目，则该系统一定是超静定的。　　　　　　　　　　　　　　　　　　　　　　　　　　　（　　）

2-9　填空题：

（1）一对等值、反向、不共线的平行力所组成的力系称为_____。

（2）平面一般力系向作用面内的一点简化后，得到一个力和一个力偶，若将其再进一步合成，则可得到一个_____。

（3）平面一般力系只要不平衡，则它就可以简化为一个_____或者简化为一个合力。

（4）平面一般力系向作用面内的任意一点（简化中心）简化，可得到一个力和一个力偶，这个力的矢量等于原力系中所有各力的_____和，称为原力系的主矢。

（5）平面一般力系向作用面内的任意一点（简化中心）简化，可得到一个力和一个力偶，这个力偶的力偶矩等于原力系中各力对简化中心之矩的_____和，称为原力对简化中心的主矩。

（6）工程上，构件的未知约束力数目多于能列出的独立平衡方程数目时，未知约束力不能全部由平衡方程求出，这样的问题称为_____问题。

2-10 如图 2-24 所示，两曲杆自重不计，曲杆 AB 上作用有主动力偶，其力偶矩为 M，试求 A、C 点处的约束力。

2-11 如图 2-25 所示，各构件的自重均不计，在曲杆 BC 上作用一力偶矩为 M 的力偶，各尺寸如图所示，试求支座 A 的约束力。

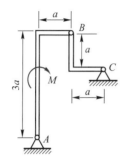

图 2-24 习题与思考 2-10 附图

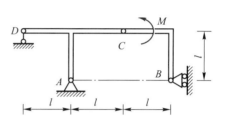

图 2-25 习题与思考 2-11 附图

2-12 四杆机构在图 2-26 所示位置平衡，假设各杆自重不计。已知 $OA = 60\ \mathrm{cm}$，$BC = 40\ \mathrm{cm}$，作用在杆 BC 上的力偶的力偶矩 $M_2 = 1\ \mathrm{N \cdot m}$，试求作用在杆 OA 上力偶的力偶矩 M_1 和杆 AB 所受的内力。

2-13 如图 2-27 所示的水平梁上作用有力及力偶。已知 $F_1 = 50\ \mathrm{kN}$，$F_2 = 10\ \mathrm{kN}$，$M = 100\ \mathrm{kN \cdot mm}$，试求此力系向 A 点简化的结果。

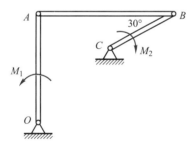

图 2-26 习题与思考 2-12 附图

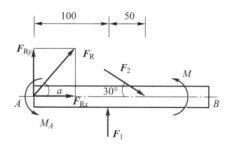

图 2-27 习题与思考 2-13 附图

2-14 如图 2-28 所示，杆 AC、BC 分别用两种方式联接，不计各处摩擦，若其分别受力偶矩为 M_1、M_2 的力偶作用而保持平衡，则图 a 所示系统中 $M_1 : M_2 = $_____；图 b 所示系统中 $M_1 : M_2 = $_____。（选自第八届江苏省大学生力学竞赛）

2-15 如图 2-29 所示，点 A、B、C、D 为边长为 1 m 的正方形的角点，已知一作用在该平面内的平面一般力系向点 A、B、C 简化时的主矩分别为 $M_A = 0$、$M_B = M_C = 50\ \mathrm{N \cdot m}$，$M_B$ 和 M_C 的转向均为逆时针方向，则该力系合力的大小为_____，请在图中画出合力作用线的位置和合力的方向。（选自第八届江苏省大学生力学竞赛）

2-16 悬臂刚架如图 2-30 所示，已知力 $F_1 = 12\ \mathrm{kN}$、$F_2 = 6\ \mathrm{kN}$，则 $\boldsymbol{F}_1$ 与 $\boldsymbol{F}_2$ 的合力 $\boldsymbol{F}_R$ 对点 A 之矩 $M_A(\boldsymbol{F}_R) = $_____。（选自第九届江苏省大学生力学竞赛）

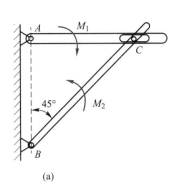
(a)

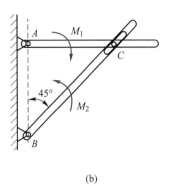
(b)

图 2-28　习题与思考 2-14 附图

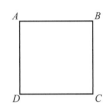

图 2-29　习题与思考 2-15 附图

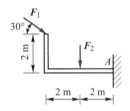

图 2-30　习题与思考 2-16 附图

2-17　如图 2-31 所示吊架 ABC 中，已知 $l_{AB} = 2l_{AC}$，杆 AB 的自重 $W_{AB} = 200\,\text{N}$，B 端挂重 $W = 300\,\text{N}$ 的物体，则铰链中心 A 的约束力 F_A 的倾角 $\theta = $ _____。（选自第六届江苏省大学生力学竞赛）

2-18　如图 2-32 所示的简易支撑架，点 C 为杆 AE 及 BD 的中点，点 D、E 间用绳联接。若点 D 受集中力 $F = 500\,\text{kN}$ 作用，请根据安全与经济的原则，计算论证：在能承受 $500\,\text{kN}$ 张力之绳和能承受 $700\,\text{kN}$ 张力之绳中，应选用哪一根？（选自第六届江苏省大学生力学竞赛）

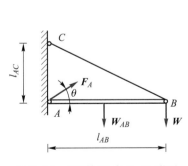

图 2-31　习题与思考 2-17 附图

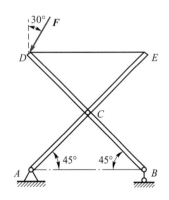

图 2-32　习题与思考 2-18 附图

2-19　平面结构如图 2-33 所示，已知均布载荷的载荷集度 q、力偶矩 M 及尺寸 a，试求固定端 A 处的约束力。（选自第七届江苏省大学生力学竞赛）

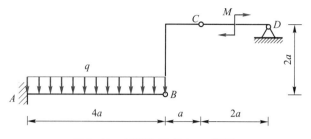

图 2-33 习题与思考 2-19 附图

2-20 如图 2-34 所示的大力钳由构件 *AC*、*AB*、*BD*、*CDE* 通过铰链联接而成，各尺寸如图所示，各构件自重及各处摩擦不计，若要在 *E* 处产生 1500 N 的力，则施加的力 *F* 应为多大？（选自第七届江苏省大学生力学竞赛）

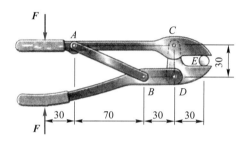

图 2-34 习题与思考 2-20 附图

单元 3

空间力系

学习目标：了解力在空间直角坐标轴上的投影和力对轴之矩的基本概念，理解空间力系的平衡条件和空间力系合力矩定理，掌握重心和形心坐标公式，并能计算简单形状物体和组合形状物体的重心。

单元概述：空间力系有多种形式，其合成结果及平衡条件也各不相同。本单元的重点包括力对轴之矩、空间力系的简化及平衡方程等；难点是力对轴之距的计算、空间力系平衡方程的应用、组合形状物体重心的计算等。

当力系中各力的作用线不在同一平面，且呈空间分布时，称为空间力系。如图 3-1 所示的车床主轴，除受到切削力 F_x、F_y、F_z 和在齿轮上的圆周力 F_t 和径向力 F_r 的作用外，在向心轴承 A 和止推轴承 B 处还受到约束力的作用，这组力组成了空间力系。

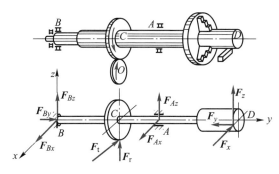

图 3-1　车床主轴受力分析

在进行工程机械和输变电塔架等结构设计时，大多需要用到空间力系的平衡条件来进行分析和计算。与平面力系类似，空间力系可分为空间任意力系和空间特殊力系（如空间汇交力系、空间平行力系和空间力偶系等）。

3.1　力的投影与分解

📎 课件 3.1

首先，讨论力 F 在空间直角坐标系中的情况。如图 3-2a 所示，过力 F 的端点分别作 x、y、z 三轴的垂直平面，由力在轴上的投影的定义可知，OA、OB、OC 就是力 F 在 x、

y、z 轴上的投影，其大小分别为

$$\begin{cases} F_x = F\cos\alpha \\ F_y = F\cos\beta \\ F_z = F\cos\gamma \end{cases} \qquad (3-1)$$

式（3-1）中，α、β、γ 分别为力 $\boldsymbol{F}$ 与 x、y、z 轴正向的夹角，这种计算力在轴上的投影的方法称为**直接投影法**。

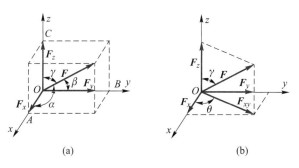

图 3-2　力 $\boldsymbol{F}$ 在空间直角坐标轴上的投影

若已知力 $\boldsymbol{F}$ 在空间直角坐标轴上的投影 F_x、F_y、F_z，则该力的大小 F 及其与 x、y、z 轴正向之夹角的余弦为

$$\begin{cases} F = \sqrt{F_x^2 + F_y^2 + F_z^2} \\ \cos\alpha = \dfrac{F_x}{F}, \quad \cos\beta = \dfrac{F_y}{F}, \quad \cos\gamma = \dfrac{F_z}{F} \end{cases} \qquad (3-2)$$

如果将一个力沿空间直角坐标轴进行分解，则沿三个坐标轴分力的大小等于力在这三个坐标轴上投影的绝对值。

一般情况下，很难全部得到力 $\boldsymbol{F}$ 与三个坐标轴的夹角，若已知力 $\boldsymbol{F}$ 与 z 轴正向的夹角为 γ，可先将力 $\boldsymbol{F}$ 投影到坐标平面 xOy 上，然后再投影到坐标轴 x、y 上，如图 3-2b 所示。假设力 $\boldsymbol{F}$ 在 xOy 平面上的投影为 F_{xy}，且与 x 轴正向的夹角为 θ，则：

$$\begin{cases} F_x = F\sin\gamma \cdot \cos\theta \\ F_y = F\sin\gamma \cdot \sin\theta \\ F_z = F\cos\gamma \end{cases} \qquad (3-3)$$

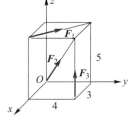

这种计算力在轴上的投影的方法称为**二次投影法**。

【**例 3-1**】如图 3-3 所示，已知力 $F_1 = 2\,\text{kN}$，$F_2 = 1\,\text{kN}$，$F_3 = 3\,\text{kN}$，试分别计算这三个力在 x、y、z 轴上的投影。

解：（1）计算 F_1 在 x、y、z 轴上的投影：

图 3-3　【例 3-1】附图

$$F_{1x} = -F_1 \times \frac{3}{5} = -1.2\,\text{kN}, \quad F_{1y} = F_1 \times \frac{4}{5} = 1.6\,\text{kN}, \quad F_{1z} = 0$$

（2）计算 F_2 在 x、y、z 轴上的投影：

$$F_{2x} = F_2 \times \frac{\sqrt{2}}{2} \times \frac{3}{5} \approx 0.424\,\text{kN}, \quad F_{2y} = F_2 \times \frac{\sqrt{2}}{2} \times \frac{4}{5} \approx 0.566\,\text{kN}, \quad F_{2z} = F_2 \times \frac{\sqrt{2}}{2} \approx 0.707\,\text{kN}$$

（3）计算 F_3 在 x、y、z 轴上的投影：

$$F_{3x}=0, \quad F_{3y}=0, \quad F_{3z}=F_3=3\text{ kN}$$

3.2 力对轴之矩

在工程实际中，经常遇到刚体绕定轴转动的情形，为了度量力对绕定轴转动刚体的作用效应，可以引入力对轴之矩的概念。

以关门动作为例，如图 3-4a 所示，在门上 A 点处作用了一个力 F，使其绕固定轴 z 转动。为度量此力对门的转动效应，可将该力分解为两个互相垂直的分力：一个是与固定轴 z 平行的分力 $F_z=F\sin\beta$；另一个是在固定轴 z 垂直平面上的分力 $F_{xy}=F\cos\beta$。

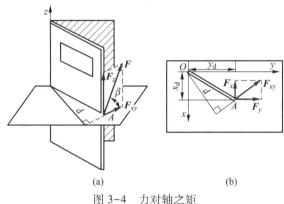

图 3-4　力对轴之矩

由经验可知：F_z 无法使门绕 z 轴转动，只有分力 F_{xy} 才能产生使门绕 z 轴转动的效应。

如图 3-4b 所示，以 d 表示 F_{xy} 作用线到 z 轴与平面的交点 O 的距离，则 F_{xy} 对点 O 之矩，就可以用来度量力 F 使门绕 z 轴转动的效应，记作：

$$M_z(\boldsymbol{F})=M_O(\boldsymbol{F}_{xy})=\pm F_{xy}\cdot d \tag{3-4}$$

由此可定义：**力对轴之矩**是力使刚体绕该轴转动效应的度量，是一个代数量，其绝对值等于这个力在垂直于该轴的平面上的投影对于该平面与该轴的交点之矩。通常规定：从 z 轴的正向看，力的这个投影使物体绕该轴按逆时针方向转动为正；反之为负。也可按右手螺旋法则来确定：右手拇指指向 z 轴的正向，四指自然弯曲的方向与物体转动方向一致为正；反之为负。与力矩一样，力对轴之矩的单位为牛·米（N·m）或千牛·米（kN·m）。

力对轴之矩等于零的情形如下：

（1）力与轴相交（此时 $d=0$）；

（2）力与轴平行（此时 $|F_{xy}|=0$）。

即当力与轴在同一平面时，力对该轴之矩等于零。

3.3 空间力系合力矩定理

若有空间力系 F_1、F_2、$\cdots$、F_n，其合力为 F_R，则合力对任一轴之矩等于各分力对该轴之矩的代数和，记作：

$$M_z(\boldsymbol{F}_{\mathrm{R}}) = \sum M_z(\boldsymbol{F}) \tag{3-5}$$

在计算力对轴之矩时，利用合力矩定理是比较方便的。可将力分解为沿空间直角坐标轴方向的分力，然后计算每个分力对该轴之矩，最后求出这些力对轴之矩的代数和即可。

【**例 3-2**】 如图 3-5 所示的曲轴，在 A 点作用一个力 $\boldsymbol{F}$，其作用线在垂直于 y 轴的平面内且与铅垂线方向的夹角 $\alpha = 20°$。已知 $F = 1000\ \mathrm{N}$，$AB = r = 50\ \mathrm{mm}$，$OB = l = 100\ \mathrm{mm}$，试求曲柄位于 xOy 平面内时，力 $\boldsymbol{F}$ 对各坐标轴之矩。

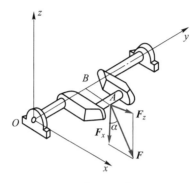

图 3-5 【例 3-2】附图

解：根据题意，力 $\boldsymbol{F}$ 对 x 轴之矩，等于力 $\boldsymbol{F}$ 在垂直于 x 轴平面内的投影对 x 轴与该平面交点之矩，即：

$$M_x(\boldsymbol{F}) = -F \cdot l\cos\alpha = -1000\ \mathrm{N} \times 0.1\ \mathrm{m} \times \cos 20° \approx -93.97\ \mathrm{N} \cdot \mathrm{m}$$

同理：

$$M_y(\boldsymbol{F}) = F \cdot r\cos\alpha = 1000\ \mathrm{N} \times 0.05\ \mathrm{m} \times \cos 20° \approx 46.98\ \mathrm{N} \cdot \mathrm{m}$$

$$M_z(\boldsymbol{F}) = -F \cdot l\sin\alpha = -1000\ \mathrm{N} \times 0.1\ \mathrm{m} \times \sin 20° \approx -34.20\ \mathrm{N} \cdot \mathrm{m}$$

课件 3.4

3.4 空间力系的简化

3.4.1 空间力的平移定理

若有一个力 $\boldsymbol{F}$ 作用于 A 点，另在空间中任取一点 B，如图 3-6a 所示，此时，可利用加减平衡力系公理，将 A 点的力平移到 B 点且保持其等效。

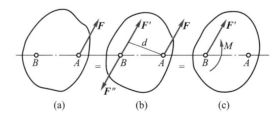

图 3-6 空间力的平移定理

具体做法是：在 B 点加上两个等值、反向的力 F' 和 F''，使其与力 F 平行，且 $F' = F'' = F$，如图 3-6b 所示。此时可以看出：力 F'' 与 F 组成一个力偶 $M(F'', F)$。这样，原来作用在 A 点的力 F，现在就被一个作用在 B 点的力 F' 和一个力偶 $M(F'', F)$ 等效替换，如图 3-6c 所示。也就是说：可以把作用于 A 点的力 F 平行移动到 B 点，但必须同时附加一个相应的力偶，这个力偶称为**附加力偶**，显然这个附加力偶之矩就是原力 F 对 B 点之矩，即：$M = F \cdot d$。

3.4.2 空间力系的简化原理

假设物体受空间任意力系 F_1、F_2、$\cdots$、F_n 的作用，如图 3-7a 所示，任取一点 O 为简化中心，根据空间力的平移定理，空间力系向指定点 O 简化可以得到一个合力和一个力偶。即：

$$\begin{cases} F'_R = F_1 + F_2 + \cdots + F_n = \sum F \\ M_O = M_1 + M_2 + \cdots + M_n = \sum M_O(F) \end{cases} \tag{3-6}$$

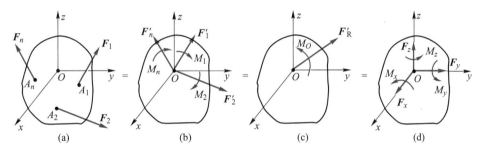

图 3-7 空间力系的简化

该合力 F'_R 等于此力系的主矢。该力偶的力偶矩 M_O 等于此力系对简化中心 O 的主矩。对于空间力系来说，该合力可以沿着三个坐标轴分解为三个分力，该力偶矩可以分解为绕三根轴的三个分力偶矩，如图 3-7d 所示。

3.5 空间力系的平衡方程

🔗 课件 3.5

3.5.1 空间任意力系的平衡方程

由上述简化结果可知：在空间任意力系作用下，刚体处于平衡状态时，其合力为零，且绕空间坐标轴的三个力偶系也分别为零。因此，空间力系处于平衡的充分与必要条件是：所有的力在三个坐标轴上的投影的代数和均等于零，且这些力对于每一个坐标轴之矩的代数和也等于零。即：

$$\begin{cases} \sum F_x = 0, \quad \sum F_y = 0, \quad \sum F_z = 0 \\ \sum M_x(F) = 0, \quad \sum M_y(F) = 0, \quad \sum M_z(F) = 0 \end{cases} \tag{3-7}$$

空间任意力系的平衡方程有 6 个，因此对于在空间任意力系作用下处于平衡状态的刚体，最多能求解 6 个未知量，如果未知量多于 6 个，就是超静定问题。为使解题比较简便，每个方程中最好只包含一个未知量，以避免求解多元联立方程。为此，在选择投影轴时应尽量使其与其余未知力垂直，在选择取矩的轴时应尽量使其与其余未知力平行或相交。

3.5.2　空间特殊力系的平衡方程

与平面力系一样，从空间任意力系的普遍平衡规律中，也可导出一些特殊情况的平衡规律，如空间汇交力系、空间平行力系、空间力偶系等力系的平衡方程。

1. 空间汇交力系

对于空间汇交力系，若取其汇交点为坐标原点，则力系中各力对通过汇交点的任一轴的力矩均为零，所以，其独立平衡方程的基本形式为：

$$\sum F_x = 0, \qquad \sum F_y = 0, \qquad \sum F_z = 0 \tag{3-8}$$

2. 空间平行力系

对于空间平行力系，若力系中各力均与 z 轴平行，则 $\sum F_x \equiv 0$，$\sum F_y \equiv 0$，$\sum M_z(\boldsymbol{F}) \equiv 0$，所以，其独立平衡方程的基本形式为：

$$\sum F_z = 0, \qquad \sum M_x(\boldsymbol{F}) = 0, \qquad \sum M_y(\boldsymbol{F}) = 0 \tag{3-9}$$

3. 空间力偶系

对于空间力偶系，因为 $\sum F_x \equiv 0$，$\sum F_y \equiv 0$，$\sum F_z \equiv 0$，所以，其独立平衡方程的基本形式为：

$$\sum M_x(\boldsymbol{F}) = 0, \qquad \sum M_y(\boldsymbol{F}) = 0, \qquad \sum M_z(\boldsymbol{F}) = 0 \tag{3-10}$$

若空间力系中各力都在 xOy 平面内，则 $\sum F_z \equiv 0$，$\sum M_x(\boldsymbol{F}) \equiv 0$，$\sum M_y(\boldsymbol{F}) \equiv 0$，所以，其独立平衡方程的基本形式为：

$$\sum F_x = 0, \qquad \sum F_y = 0, \qquad \sum M_z(\boldsymbol{F}) = 0 \tag{3-11}$$

综上所述，对于受空间汇交力系、空间平行力系、空间力偶系作用而处于平衡状态的刚体，都只有三个独立的平衡方程。

空间力系作用下的约束类型及相应的约束力见表 3-1。

表 3-1　空间力系作用下的约束类型及相应的约束力

序号	空间力系作用下的约束类型	相应的约束力
1	径向轴承（向心轴承）　光滑圆柱铰链　铁轨　蝶铰链（合页）	

续表

序号	空间力系作用下的约束类型	相应的约束力
2	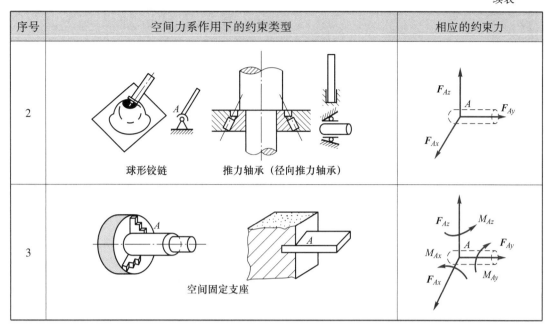球形铰链　　　　推力轴承（径向推力轴承）	
3	空间固定支座	

【例3-3】 如图3-8所示，三轮小车的自重 $W=6$ kN（作用于 C 点），车上的载荷 $F=15$ kN，作用于 E 点，在静止状态下，求地面对于各车轮的约束力。

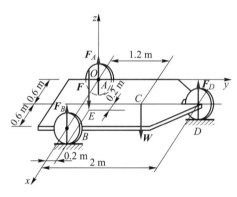

图3-8 【例3-3】附图

解：（1）以小车为研究对象，绘制受力分析图。

其中 W 和 F 为主动力，F_A、F_B、F_D 为地面对小车的约束力，这五个力相互平行，组成空间平行力系。

（2）如图3-8所示，取坐标轴并列出平衡方程：

$$\sum F_z = 0, \qquad -F - W + F_A + F_B + F_D = 0$$

$$\sum M_x(\boldsymbol{F}) = 0, \qquad -0.2\,\mathrm{m} \times F - 1.2\,\mathrm{m} \times W + 2\,\mathrm{m} \times F_D = 0$$

$$\sum M_y(\boldsymbol{F}) = 0, \qquad 0.8\,\mathrm{m} \times F + 0.6\,\mathrm{m} \times W - 0.6\,\mathrm{m} \times F_D - 1.2\,\mathrm{m} \times F_B = 0$$

（3）联立求解，得：

$$F_A = 5.45\,\mathrm{kN}, \quad F_B = 10.45\,\mathrm{kN}, \quad F_D = 5.1\,\mathrm{kN}$$

课件 3.6

3.6 重心及其计算

3.6.1 重心的基本概念

重力是地球对物体的引力，如果将物体看成由无数个质点组成，则重力便组成空间平行力系，这个力系合力的大小就是物体的重量。不论物体如何放置，其重力的合力作用线相对于物体总是通过一个确定的点，这个点称为物体的**重心**。若物体是均质的，其重心的位置完全取决于物体的几何形状和尺寸，与质量无关，因此均质物体的重心即为其形心。与此同时，求重心的公式也可用于求物体的质量中心、面积的形心等。

重心在工程实际中具有重要的意义，其位置影响物体的平衡和稳定，对于飞机、轮船和车辆等尤为重要。如在飞行过程中，飞机的重心必须位于确定的区域内，若重心超前，就会增加起飞和着陆的困难；若重心偏后，飞机就无法稳定地飞行。为了知道飞机重心的准确位置，从设计、生产到试飞，都需要进行多次测量和计算。

此外，物体重心的位置又与许多动力学问题有关，如电机转子、飞轮等旋转部件在设计、制造与安装时，都要求它的重心尽量靠近轴线，否则将产生强烈的振动，甚至导致部件被破坏。

3.6.2 组合法计算物体的重心

为了求解物体重心的位置，建立如图 3-9 所示的空间直角坐标系，x、y、z 三个坐标轴相互垂直，xOy 平面为水平面。

假想将物体分割成 n 个微小的部分，每一部分的重力为 W_1、W_2、$\cdots$、W_n，其中任一部分的重力为 $W_i(i=1,2,\cdots,n)$，其重力作用点位置的坐标为 (x_i, y_i, z_i)。假设 C 点是该物体的重心，其位置坐标为 (x_C, y_C, z_C)，作用在重心的重力 W 就是各微小部分重力 W_i 的合力，即：$W = \sum_{i=1}^{n} W_i$。

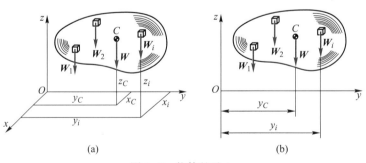

图 3-9 物体的重心

在计算重力对 x 轴之矩时，可将各力投影至与 x 轴垂直的 yOz 平面上，计算合力和分力对 O 点的力矩，根据合力矩定理有：$M_O(W) = \sum_{i=1}^{n} M_O(W_i)$，$-W \cdot y_C = \sum_{i=1}^{n} (-W_i \cdot y_i)$，得：

$$y_C = \frac{\sum\limits_{i=1}^{n} W_i \cdot y_i}{W} \tag{3-12}$$

同理，通过计算重力对 y 轴之矩也可求得 x_C。再把物体连同直角坐标系绕 y 轴（或 x 轴）旋转 90°，使重力和 z 轴垂直，就可以求得 z_C。由此，可以得到物体重心位置的坐标公式为

$$\begin{cases} x_C = \dfrac{\sum\limits_{i=1}^{n} W_i x_i}{W} \\[3mm] y_C = \dfrac{\sum\limits_{i=1}^{n} W_i y_i}{W} \\[3mm] z_C = \dfrac{\sum\limits_{i=1}^{n} W_i z_i}{W} \end{cases} \tag{3-13}$$

若物体是均质的，则各微小部分的重力 W_i 与其体积 V_i 成正比，物体的重力 W 也必按相同的比例与物体的总体积 V 成正比。于是式（3-13）可变为：

$$\begin{cases} x_C = \dfrac{\sum\limits_{i=1}^{n} V_i x_i}{V} \\[3mm] y_C = \dfrac{\sum\limits_{i=1}^{n} V_i y_i}{V} \\[3mm] z_C = \dfrac{\sum\limits_{i=1}^{n} V_i z_i}{V} \end{cases} \tag{3-14}$$

由此可见，均质物体的重心位置完全取决于物体的形状，即均质物体的重心与**形心**重合。

若物体不仅是均质的，而且是等厚平板，则各微小部分的体积 V_i 与其面积 S_i 成正比，物体的体积 V 也必按相同的比例与物体总面积 S 成正比，此时消去相等的板厚，则得其平面图形的**形心**坐标公式为：

$$\begin{cases} x_C = \dfrac{\sum\limits_{i=1}^{n} S_i x_i}{S} \\[3mm] y_C = \dfrac{\sum\limits_{i=1}^{n} S_i y_i}{S} \\[3mm] z_C = \dfrac{\sum\limits_{i=1}^{n} S_i z_i}{S} \end{cases} \tag{3-15}$$

计算物体重心时，需要注意：

（1）利用物体的对称性。对于均质物体，若有对称面、对称轴或对称中心，其重心也必在其对称面、对称轴或对称中心上。

（2）利用积分法。在计算基本规则形体的形心时，可将形体分割成无限多块微小的形体。在此极限情况下，式（3-13）可写成定积分形式，即

$$\begin{cases} x_C = \dfrac{\int x \mathrm{d}W}{W} \\[3mm] y_C = \dfrac{\int y \mathrm{d}W}{W} \\[3mm] z_C = \dfrac{\int z \mathrm{d}W}{W} \end{cases} \qquad (3-16)$$

体积和面积等形心公式可据此类推，这是计算物体重心和形心的基本方法。

在机械设计手册中，可查得用此法求出的常用基本几何形体的形心位置。简单形状物体的形心位置见表 3-2。

表 3-2　简单形状物体的形心位置

图　形	形 心 位 置	图　形	形 心 位 置
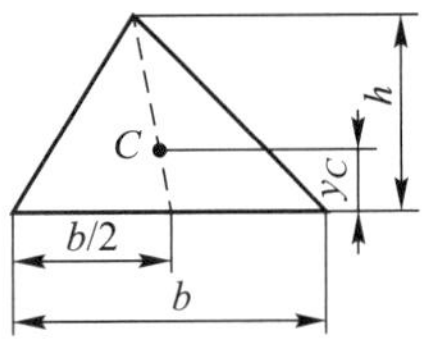 三角形	$y_C = \dfrac{h}{3}$ $S = \dfrac{1}{2}bh$	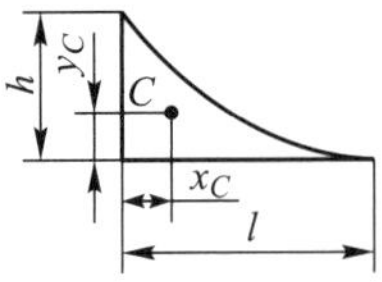 抛物线	$x_C = \dfrac{1}{4}l$ $y_C = \dfrac{3}{10}b$ $S = \dfrac{1}{3}hl$
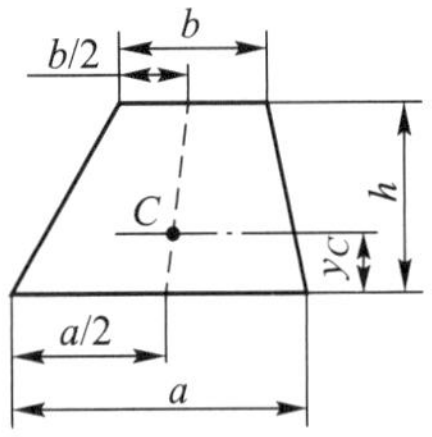 梯形	$y_C = \dfrac{h(a+2b)}{3(a+b)}$ $S = \dfrac{h}{2}(a+b)$	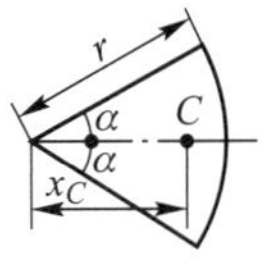 扇形	$x_C = \dfrac{2r\sin\alpha}{3\alpha}$ $S = \alpha r^2$ 半圆的 $\alpha = \dfrac{\pi}{2}$ $x_C = \dfrac{4r}{3\pi}$

【例 3-4】 如图 3-10 所示，试求 Z 形截面重心的位置。

解：（1）取坐标轴如图 3-10 所示，将该图形分割为三个矩形。

以 C_1、C_2、C_3 分别表示这三个矩形的重心，而以 S_1、S_2、S_3 分别表示它们的面积；以 (x_1, y_1)、(x_2, y_2)、(x_3, y_3) 分别表示 C_1、C_2、C_3 的坐标。由图得：

$$x_1 = 15\,\text{mm}, \quad y_1 = 45\,\text{mm}, \quad S_1 = 300\,\text{mm}^2$$

$$x_2 = 35\,\text{mm}, \quad y_2 = 30\,\text{mm}, \quad S_2 = 400\,\text{mm}^2$$

$$x_3 = 45\,\text{mm}, \quad y_3 = 5\,\text{mm}, \quad S_3 = 300\,\text{mm}^2$$

（2）按式（3-15）求得该截面重心的坐标（x_C, y_C）为：

$$x_C = \frac{S_1 x_1 + S_2 x_2 + S_3 x_3}{S_1 + S_2 + S_3} = 32 \text{ mm}, \qquad y_C = \frac{S_1 y_1 + S_2 y_2 + S_3 y_3}{S_1 + S_2 + S_3} = 27 \text{ mm}$$

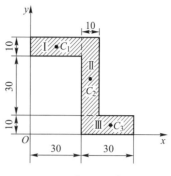

图 3-10 【例 3-4】附图

🔧 拓展知识　采用实验法测量物体的重心

在工程实际中，经常遇到外形复杂的物体，要计算重心的位置非常困难，有时只能先作近似计算，待产品制成后，再采用实验法进行校核。实际上，即使在设计时重心的位置算得很精确，但由于在制造和安装时难免存在误差，材质也不可能绝对均匀，所以要准确地确定物体重心的位置，常采用实验法进行测定。

1. 悬挂法

如图 3-11a 所示，首先通过物体任一点 A 将待测重物体悬挂起来，等物体平衡后，根据二力平衡条件可知，重心一定在铅垂线 AB 上；其次，再过另一点 D 将物体悬挂起来，重心一定在铅垂线 DE 上，两直线 AB 与 DE 的交点 C 即为物体的重心，如图 3-11b 所示。

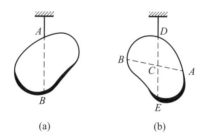

(a)　　　　　　　(b)

图 3-11　悬挂法测量物体的重心

2. 称重法

如图 3-12 所示，以发动机连杆为例，首先用磅秤称出连杆的重量 W，然后将其一端 A 放在刀口上，另一端 B 放在磅秤上，量出 A、B 两点间的距离 l，读出磅秤上的力 F_B，由连杆的力矩平衡方程：$\sum M_A(\boldsymbol{F}) = 0$，$F_B l - W x_C = 0$，可得：$x_C = \dfrac{F_B l}{W}$。

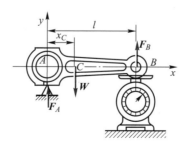

图 3-12　称重法测量物体的重心

习题与思考

3-1 在什么情况下力对轴之矩为零? 如何判断力对轴之矩的正负号?

3-2 物体的重心是否一定在物体的内部? 试举例说明。

3-3 采用组合法计算物体的重心时,应注意哪些问题?

3-4 判断题:

(1) 空间汇交力系的独立方程只有三个,因此这种空间力系的平衡问题也只能求出三个未知量。 (   )

(2) 空间一力 F 对轴之矩的正负号可以这样确定:从 z 轴正向看去,若力 F 与 z 轴之矩的转动效应是逆时针转向,则取正号;反之,从 z 轴负向看去,若 F 对 z 轴之矩的转动效应是顺时针转向,则取负号。 (   )

(3) 在空间力系作用下的某一结构中的二力构件,不再会是一个受到等值、反向、共线二力作用的构件。 (   )

(4) 机械中的转子或飞轮在设计、制造和安装时,应使重心位于转轴轴线上,以免这些机件在工作中引起激振。 (   )

(5) 使均质物体的形状改变,但仍具有对称面、对称轴或对称中心,改变后的重心不一定在新具有的对称面、对称轴或对称中心上。 (   )

(6) 一均质等厚度等腰三角板的形心必然在其垂直于底边的中心线上。 (   )

3-5 选择题:

(1) 根据空间任意力系的平衡方程至多可以解出____未知量。

    A. 3个   B. 4个   C. 6个   D. 9个

(2) 某刚体受到五个空间力的作用而处于平衡状态,若其中的四个力汇交于一点,则第五个力的作用线____。

    A. 一定会通过汇交点   B. 一定不通过汇交点

    C. 不一定通过汇交点

(3) 按重心坐标公式计算不规则形体的重心时,物体分割得越细,则所求的重心坐标位置____。

    A. 越准确   B. 越不准确   C. 与物体分割粗细无关

(4) 在刚体的两个点上各作用一个空间共点力系(即汇交力系),刚体处于平衡。利用刚体的平衡条件可以求出的未知量(即独立的平衡方程)个数最多为____。

    A. 3个   B. 4个   C. 5个   D. 6个

(5) 空间力系作用下的止推轴承共有____约束力。

    A. 2个   B. 3个   C. 4个   D. 6个

(6) 用悬挂法求物体的重心是依据了____。

    A. 合力投影定理   B. 合力矩定理

    C. 二力平衡公理   D. 力的可传性推论

3-6 如图 3-13 所示,三圆盘 A、B 和 C 的半径分别为 180 mm、120 mm 和 60 mm。三

轴 *OA*、*OB* 和 *OC* 在同一平面内，∠*AOB* 为直角。在这三圆盘上分别作用力偶，组成各力偶的力作用在轮缘上，它们的大小分别等于 10 N、20 N 和 *F*。如这三圆盘所构成的物系是自由的，不计物系自重，试求能使此物系平衡的力 *F* 的大小和角度 *θ*。

3-7　工字钢截面的尺寸如图 3-14 所示，求此截面的几何中心。

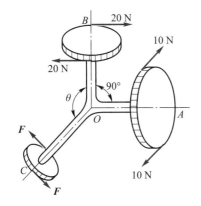

图 3-13　习题与思考 3-6 附图

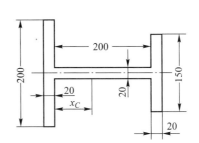

图 3-14　习题与思考 3-7 附图

3-8　均质曲杆的尺寸如图 3-15 所示，求此曲杆重心的坐标。

3-9　空间力系中，$F_1 = 100$ N、$F_2 = 300$ N、$F_3 = 200$ N，各力作用线的位置如图 3-16 所示。试将该力系向原点 *O* 简化。

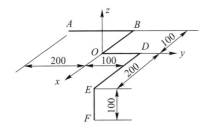

图 3-15　习题与思考 3-8 附图

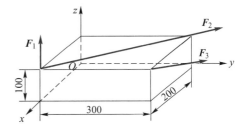

图 3-16　习题与思考 3-9 附图

3-10　正方体的边长为 *a*，在其顶角 *A* 和 *B* 处分别作用有力 F_1 和 F_2，如图 3-17 所示。求此二力在轴 *x*、*y*、*z* 上的投影和对轴 *x*、*y*、*z* 之矩。

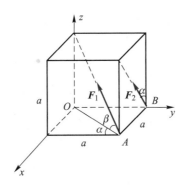

图 3-17　习题与思考 3-10 附图

单元 4

摩擦

学习目标：掌握滑动摩擦的特点和滑动摩擦力变化的规律，理解摩擦角与自锁的概念、原理及其应用，能够在考虑摩擦时求解平面物系的平衡问题。

单元概述：考虑滑动摩擦时，平面力系的分析及其计算。本章的重点包括静滑动摩擦定律、摩擦角与自锁的概念；难点是摩擦角在静力学分析与计算中的应用。

摩擦是自然界普遍存在的一种客观物理现象，在解决某些问题时，因不起主要作用，在初步计算时，常不计摩擦而使问题得到简化。但在大多数工程实践中，它又是不可忽略的重要因素。

当两物体沿接触面的切线方向有运动或相对运动趋势时，在接触处有阻碍它们相对运动的现象或特性称为**摩擦**。如图 4-1 所示，摩擦有利也有弊，有利者如车辆制动或带传动，有弊者如齿轮磨损、摩擦生热、降低机械效率和使用寿命等，严重时还会引起安全事故。

图 4-1　摩擦的利与弊

摩擦根据相对运动的形式，可分为滑动摩擦和滚动摩擦。本单元主要介绍无润滑情况下，静滑动摩擦的性质，以及考虑摩擦时力系平衡问题的分析方法。

4.1 滑动摩擦及其特点

对于两个表面粗糙的物体，当其接触面之间有相对滑动或相对滑动趋势时，彼此作用有阻碍相对滑动的切向阻力，称为**滑动摩擦力**。滑动摩擦力作用于相互接触处，其方向与相对滑动或相对滑动趋势相反，其大小根据主动力的变化而变化。

为研究滑动摩擦的基本规律，在粗糙的水平面上放置一个物体，该物体在重力 W 和法向约束力 F_N 的作用下处于静止状态，如图 4-2a 所示。在该物体上作用一个大小可变化的水平拉力 F，如图 4-2b 所示，当拉力 F 由零逐渐增加时，该物体的滑动摩擦力变化存在三种状态：静滑动摩擦力、最大静滑动摩擦力和动滑动摩擦力，以下分别对这三个阶段的摩擦力进行分析和研究。

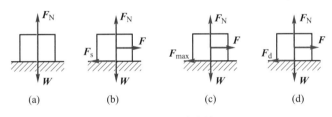

图 4-2　滑动摩擦

4.1.1　静滑动摩擦力

当拉力 F 由零逐渐增大时，物体虽有向右滑动的趋势，但仍保持静止，说明粗糙的支承面上有阻碍物体沿水平方向滑动的切向阻力，该力即为**静滑动摩擦力**，简称为静摩擦力，其方向向左，用 F_s 表示，如图 4-2b 所示。

静摩擦力产生于两个相互接触、有相对滑动趋势的物体之间，其方向与物体相对滑动趋势的方向相反，其大小由平衡条件确定，即：

$$\sum F_x = 0, \quad F - F_s = 0$$
$$F_s = F \tag{4-1}$$

由式（4-1）可知：静摩擦力的大小随拉力 F 的增大而增大。

4.1.2　最大静滑动摩擦力

静摩擦力 F_s 的大小随拉力 F 的增大而增大不是无限度的，当拉力 F 增大到一定数值时，物体处于将要滑动，但尚未开始滑动的临界状态，如图 4-2c 所示。此时，静摩擦力达到最大值，即为**最大静滑动摩擦力**，简称最大静摩擦力，用 F_{max} 表示。

当静摩擦力达到最大静摩擦力时，如果继续增大拉力 F，静摩擦力将不再随之增大，物体将失去平衡而滑动。因此，静摩擦力 F_s 的大小在零与最大静摩擦力之间，即：

$$0 \leqslant F_s \leqslant F_{max} \qquad (4-2)$$

大量试验证明：最大静摩擦力的大小与两物体间的法向约束力成正比，即：

$$F_{max} = f_s \cdot F_N \qquad (4-3)$$

这就是**静滑动摩擦定律**，又称为库仑定律。

式（4-3）中，f_s 是比例常数，称为**静摩擦因数**。其数值与两接触物体的材料、接触表面的粗糙程度及工作温度和湿度等有关，可由试验测定。各种材料的静摩擦因数可在工程手册中查得，表 4-1 中列出了常用材料的静摩擦因数。

表 4-1　常用材料的滑动摩擦因数

材料名称	静摩擦因数		动摩擦因数	
	无　润　滑	有　润　滑	无　润　滑	有　润　滑
钢-钢	0.15	0.1~0.12	0.15	0.05~0.1
钢-软钢	—		0.2	0.1~0.2
钢-铸钢	0.3	—	0.18	0.05~0.15
钢-青铜	0.15	0.1~0.15	0.15	0.1~0.15
软钢-铸钢	0.2		0.18	0.05~0.15
软钢-青铜	0.2		0.18	0.07~0.15
铸铁-铸铁	—		0.15	0.07~0.12
铸铁-青铜	—		0.15~0.2	0.07~0.15
青铜-青铜	—	0.1	0.2	0.07~0.1
皮革-铸铁	0.3~0.5	0.15	0.6	0.15
橡胶-铸铁	—		0.8	0.5
木材-木材	0.4~0.6	0.1	0.2~0.5	0.07~0.15

4.1.3　动滑动摩擦力

当静摩擦力达到最大静摩擦力时，如果拉力 F 继续增大，则物体不再保持平衡状态而出现相对滑动，如图 4-2d 所示。此时，相互接触的两物体之间作用有阻碍相对滑动的阻力，这种阻力称为**动滑动摩擦力**，简称为动摩擦力，用 F_d 表示，其方向与相对滑动的方向相反，大小与两物体接触面之间的正压力成正比，即：

$$F_d = f \cdot F_N \qquad (4-4)$$

式（4-4）中，f 是**动摩擦因数**，其数值不仅与两接触物体的材料、接触表面的粗糙程度及工作温度和湿度等有关，还与接触物体之间相对滑动的速度大小有关。但其在一般工程计算中影响很小，可近似认为是个常数，常用材料的动摩擦因数见表 4-1。一般来讲，动摩擦因数略小于静摩擦因数，即 $f < f_s$，多数情况下，可近似认为 $f = f_s$。

滑动摩擦力是一种约束力，它具有一般约束力的共性，即随主动力的增大而增大。但是，它与一般约束力又有不同之处：滑动摩擦力不能随主动力的增大而无限度地增大，其变化规律如图 4-3 所示。

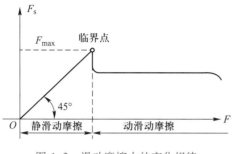

🔗 动画
滑动摩擦力的变化规律

图 4-3　滑动摩擦力的变化规律

4.2　摩擦角与自锁

🔗 课件 4.2

4.2.1　摩擦角与摩擦锥

在考虑摩擦的情况下，若物体处于静止状态，水平面对该物体的约束力由法向约束力 F_N 与切向静摩擦力 F_s 组成。这两个分力的合力 F_{RA} 称为**全约束力**，其作用线与接触面的公法线成一偏角 α，如图 4-4a 所示。偏角 α 的大小随静摩擦力的增大而增大，当物体处于平衡的临界状态，即静摩擦力达到最大静摩擦力时，偏角 α 也达到最大值，如图 4-4b 所示，此时，全约束力与法线间的夹角为最大值 φ，称为**摩擦角**。

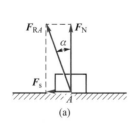
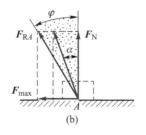
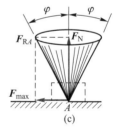

图 4-4　摩擦角与摩擦锥

由图 4-4 可知：

$$\tan\varphi = \frac{F_{max}}{F_N} = \frac{f_s F_N}{F_N} = f_s \qquad (4-5)$$

式（4-5）表明：**摩擦角的正切值等于静摩擦因数**。由此可见，摩擦角与摩擦因数一样，是表征材料表面性质的物理量。

由于静摩擦力不能超过其最大值 F_{max}，因此偏角 α 总是小于或等于摩擦角 $\varphi(0 \leqslant \alpha \leqslant \varphi)$，即全约束力的作用线不可能超出摩擦角的范围。

当物体的滑动趋势方向发生改变时，全约束力作用线的方向也随之改变。在临界状态下，F_{RA} 的作用线将是一个以接触点 A 为顶点的锥面，如图 4-4c 所示，称为**摩擦锥**。若物体与水平面间沿任意方向的摩擦因数都相同，即摩擦角相同，则摩擦锥是一个顶角为 2φ 的圆锥。

4.2.2　自锁

物体静止时，静摩擦力在零与最大静摩擦力之间变化，因此，全约束力与摩擦接触处公法线间的夹角 α 也在零与摩擦角之间变化，即

$$0 \leqslant \alpha \leqslant \varphi \tag{4-6}$$

由于静摩擦力不可能超过最大静摩擦力，所以全约束力的作用线也不可能超出摩擦角，即全约束力必作用在摩擦角之内。由此可知：如果作用于物体的所有主动力的合力 $\boldsymbol{F}_R$ 的作用线在摩擦角 φ 之内，则无论该合力多大，总有全约束力 $\boldsymbol{F}_{RA}$ 与其平衡，物体始终保持静止，这种现象称为**自锁**。

如图 4-5 所示，将一重为 W 的物体放在斜面上，逐渐增大斜面的倾角 α，直至物体在主动力即重力 W 作用下处于即将下滑而又未下滑的临界静止状态。由物体的平衡条件可知：重力 W 与全约束力 $\boldsymbol{F}_{RA}$ 必然共线，且有 $\alpha=\varphi$。在此过程中，全约束力 $\boldsymbol{F}_{RA}$ 与斜面法线的夹角 α 从零逐渐增大到摩擦角 φ，无论物体的重力 W 多大，总有全约束力 $\boldsymbol{F}_{RA}$ 与其平衡，物体自锁；反之，若重力的作用线与斜面法线的夹角超过摩擦角，则不论重力多小，物体必会向下滑。

由此可得出物体的自锁条件：当作用于物体上的主动力的合力 $\boldsymbol{F}_R$ 的作用线与接触面法线的夹角小于或等于摩擦角时，物体总能保持静止。这就是物体在一般情况下的自锁条件，即：

$$\alpha \leqslant \varphi$$

在工程实际中，很多设计都应用到自锁的原理。如图 4-6 所示的螺旋装置中，螺纹可以看成绕在一个圆柱体上的斜面，螺母相当于斜面上的物体，当利用该装置顶起重物时，在满足自锁条件，即 $\alpha \leqslant \varphi$ 的情况下，顶起的重物就不会掉下来。

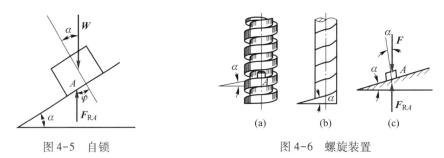

图 4-5　自锁　　　　图 4-6　螺旋装置

【例 4-1】将一自重为 W 的物体 A 放在倾角为 α 的斜面上，它与斜面间的摩擦因数为 f_s，如图 4-7 所示。当物体 A 处于平衡时，试求水平力 $\boldsymbol{F}_1$ 的大小。

解：（1）当物体 A 处于向上滑动趋势的临界状态时，水平力 $\boldsymbol{F}_1$ 有最大值，设为 F_{1max}。

将物体所受的法向约束力和最大静摩擦力用全约束力 $\boldsymbol{F}_{RA}$ 来代替，这时物体在 W、$\boldsymbol{F}_{RA}$、$\boldsymbol{F}_{1max}$ 三个力的作用下处于平衡状态，受力情况如图 4-7a 所示。利用平面汇交力系合成的几何法，可画得如图 4-7b 所示的力三角形。

求得水平推力 F_{1max} 为：

$$F_{1max} = W\tan(\alpha+\varphi)$$

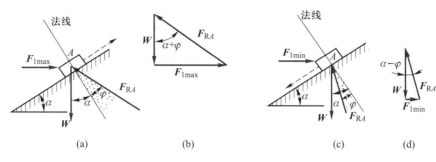

图 4-7　【例 4-1】附图

（2）当物体 A 处于向下滑动趋势的临界状态时，如图 4-7c 所示，水平力 F_1 有最小值设为 F_{1min}。

同理，可画得如图 4-7d 所示的力三角形。

求得水平推力 F_{1min} 为：

$$F_{1min} = W\tan(\alpha-\varphi)$$

综合上述两个结果，可得力 F_1 的平衡范围 $F_{1min} \leqslant F_1 \leqslant F_{1max}$，即：

$$W\tan(\alpha-\varphi) \leqslant F_1 \leqslant W\tan(\alpha+\varphi)$$

按三角公式展开上式中的 $\tan(\alpha-\varphi)$ 和 $\tan(\alpha+\varphi)$，得：

$$W\frac{\tan\alpha-\tan\varphi}{1+\tan\alpha\tan\varphi} \leqslant F_1 \leqslant W\frac{\tan\alpha+\tan\varphi}{1-\tan\alpha\tan\varphi}$$

由摩擦角定义可得，$\tan\varphi = f_s$，又有 $\tan\alpha = \sin\alpha/\cos\alpha$，代入上式，得：

$$W\frac{\sin\alpha-f_s\cos\alpha}{\cos\alpha+f_s\sin\alpha} \leqslant F_1 \leqslant W\frac{\sin\alpha+f_s\cos\alpha}{\cos\alpha-f_s\sin\alpha}$$

此例中，若斜面的倾角小于摩擦角，即 $\alpha<\varphi$，则水平推力 F_{1min} 为负值。说明此时物体不需要力 F_1 就能静止于斜面上，并且不论重力 W 多大，物体也不会下滑，即物体自锁。

4.3　考虑摩擦时的平衡问题

考虑摩擦时，物体平衡问题的解题特点及步骤包括：

（1）受力分析时，除主动力和约束力外，还必须考虑摩擦力，通常会增加未知量的数目。

（2）判断此时物体所处的状态，是平衡状态，还是临界状态。

（3）由于 $0 \leqslant F_s \leqslant F_{max}$，一般应先假设物体处于临界状态。

（4）一般情况下，滑动摩擦力的方向是不能任意假定的，必须根据物体的运动趋势，正确判断其方向。

平衡状态下，滑动摩擦力 F_s 由平衡条件确定，并满足 $0 \leqslant F_s \leqslant F_{max}$；临界状态下，$F_s$

课件 4.3

微课
考虑摩擦时的平衡问题

为一定值，并满足 $F_s = F_{max} = f_s \cdot F_N$。若求出的 $F_s > F_{max}$，则说明物体处于运动状态、承受动摩擦力。

【例 4-2】 一物体 A 自重 $W = 1500\,N$，放于倾角为 30° 的斜面上，它与斜面间的静摩擦因数 $f_s = 0.2$，动摩擦因数 $f = 0.18$。物体 A 受水平力作用 $F = 400\,N$，如图 4-8 所示。问物体 A 是否能保持静止；若能保持静止，试求此时摩擦力的大小及方向。

解：（1）取物体 A 为研究对象，先假设滑动摩擦力沿斜面向下，其受力分析如图 4-2 所示。

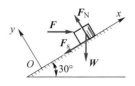

（2）列平衡方程：

$$\sum F_x = 0, \quad -W\sin 30° + F\cos 30° - F_s = 0$$

$$\sum F_y = 0, \quad -W\cos 30° - F\sin 30° + F_N = 0$$

图 4-8　【例 4-2】附图

代入数值，解得静摩擦力和法向约束力分别为：

$$F_s \approx -403.6\,N \quad F_N \approx 1499.0\,N$$

（3）由于 F_s 为负值，说明平衡时滑动摩擦力与所假设的方向相反，即沿斜面向上。此时最大静摩擦力为：

$$F_{max} = f_s \cdot F_N = 299.8\,N$$

（4）由于 $|F_s| > F_{max}$，所以物体 A 不可能静止在斜面上，而会沿斜面下滑。此时的摩擦力应为动摩擦力，方向沿斜面向上，其大小为：

$$F_d = f \cdot F_N \approx 269.8\,N$$

解决判别物体静止与否的问题时，应先假定物体处于静止状态，并假设摩擦力的方向，然后应用平衡方程求得物体的摩擦力，将其与最大静摩擦力进行比较，即可确定物体是否处于静止状态，以及相应摩擦力的种类和大小。

上述例题研究了滑动形式的临界状态，实际上还有一种倾倒形式的临界状态。

【例 4-3】 如图 4-9 所示，均质箱体的宽度 $b = 1\,m$，高 $h = 2\,m$，自重 $W = 20\,kN$，放在倾角 $\theta = 20°$ 的斜面上。箱体与斜面之间的静摩擦因数 $f_s = 0.20$。如在箱体的 C 点处系一根软绳，作用一个与斜面成 $\varphi = 30°$ 的拉力 F。已知 $BC = a = 1.8\,m$，试问：当拉力 F 为多大时，才能保证箱体处于平衡状态。

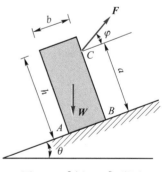

解：（1）设箱体处于向下滑动的临界平衡状态，其受力分析如图 4-10a 所示。

图 4-9　【例 4-3】附图

$$\sum F_x = 0, \quad F\cos\varphi + F_s - W\sin\theta = 0$$

$$\sum F_y = 0, \quad F_N - W\cos\theta + F\sin\varphi = 0$$

其中，$F_s = f_s \cdot F_N$，得 $F = \dfrac{\sin\theta - f_s\cos\theta}{\cos\varphi - f_s\sin\varphi} \cdot W \approx 4.02\,kN$

即：当拉力 $F = 4.02\,kN$ 时，箱体处于向下滑动的临界平衡状态。

（2）设箱体处于向上滑动的临界平衡状态，其受力分析如图 4-10b 所示。

$$\sum F_x = 0, \quad F\cos\varphi - F_s - W\sin\theta = 0$$

$$\sum F_y = 0, \quad F_N - W\cos\theta + F\sin\varphi = 0$$

其中，$F_s = f_s \cdot F_N$，得 $F = \dfrac{\sin\theta + f_s\cos\theta}{\cos\varphi + f_s\sin\varphi} \cdot W \approx 11.0 \, \text{kN}$

即：当拉力 $F = 11.0 \, \text{kN}$ 时，箱体处于向上滑动的临界平衡状态。

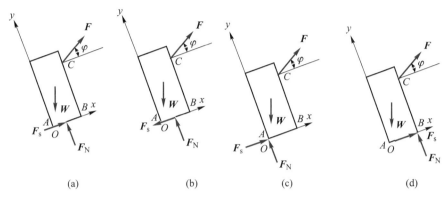

图 4-10　【例 4-3】四种临界状态下的受力分析图

（3）设箱体处于绕左下角 A 点向下倾倒的临界平衡状态，其受力分析如图 4-10c 所示。

$$\sum M_A = 0, \quad b \cdot F\sin\varphi - a \cdot F\cos\varphi + \frac{h}{2} \cdot W\sin\theta - \frac{b}{2} \cdot W\cos\theta = 0$$

$$F = \frac{b\cos\theta - h\sin\theta}{b\sin\varphi - a\cos\varphi} \cdot \frac{W}{2} \approx -2.41 \, \text{kN}$$

负号表示 F 为推力时才可能使箱体向下倾倒，由于软绳只能传递拉力，故箱体不可能向下倾倒。

（4）设箱体处于绕右下角 B 点向上翻转的临界平衡状态，其受力分析如图 4-10d 所示。

$$\sum M_B = 0, \quad -a \cdot F\cos\varphi + \frac{h}{2} \cdot W\sin\theta + \frac{b}{2} \cdot W\cos\theta = 0$$

$$F = \frac{b\cos\theta + h\sin\theta}{a\cos\varphi} \cdot \frac{W}{2} \approx 10.4 \, \text{kN}$$

即：当 $F = 10.4 \, \text{kN}$ 时，箱体处于绕右下角 B 点向上翻转的临界平衡状态。

综合上述四种状态可知，要保证箱体处于平衡状态，拉力 F 必须满足：

$$4.02 \, \text{kN} \leqslant F \leqslant 10.4 \, \text{kN}$$

🏋 拓展知识　滚动摩阻

由实践可知，使滚子滚动比使其滑动省力，在工程中，为了提高效率、减轻劳动强度，常利用物体的滚动来代替物体的滑动。

如图 4-11a 所示，假设水平面上有一轮子，自重为 W，半径为 r，若在其轮心 O 处受

到水平力 F_T 的作用，当 F_T 较小时，轮子保持静止，当 F_T 增大到一定值时，轮子开始滚动。

如果把轮子看成一个理想的刚体，通过受力分析，可得到一个不平衡的力系，如图 4-11b 所示。此时，不管主动力 F_T 多么小，都会使圆轮发生滚动，这显然是不正确的。实际上，轮子在外力不大的情况下是可以保持静止平衡的，这主要是由于轮子与接触面并非是绝对刚体，二者在重力 W 和拉力 F_T 的共同作用下，产生微小的接触变形，接触处的约束力为分布力，如图 4-11c 所示。这个分布约束力可简化为一个力 $F_R(F_N, F_S)$，如图 4-11d 所示；再进一步向 A 点简化，就可以得到一个新的力 $F'_R(F'_N, F_S)$ 和一个力偶矩为 M_f 的力偶，如图 4-11e 所示。此力偶称为**滚动摩阻力偶**（简称为滚阻力偶），其转向与相对转动（或转动趋势）相反，正是这个力偶起到了阻碍轮子滚动的作用，是滚动摩擦时约束力的一部分。

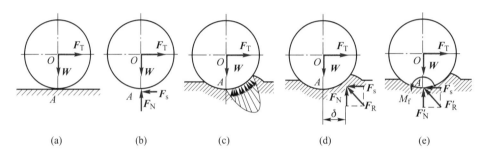

图 4-11　滚动摩阻的产生

与静摩擦力相似，滚动摩阻力偶矩 M_f 随着主动力 F_T 的增大而增大，当 F_T 增大到一定值时，轮子处于将滚未滚的临界平衡状态，此时，滚动摩阻力偶矩 M_f 达到最大值，称为**最大滚动摩阻力偶矩**，用 M_{max} 表示。若主动力 F_T 再增大一点，轮子就会发生滚动。在滚动过程中，滚动摩阻力偶矩近似等于 M_{max}。

由此可知，滚动摩阻力偶矩 M_f 的大小介于零与最大值之间，即：

$$0 \leqslant M_f \leqslant M_{max} \tag{4-7}$$

试验表明：最大滚动摩阻力偶矩 M_{max} 与滚子半径无关，与支承面的法向约束力 F_N 的大小成正比，即：

$$M_{max} = \delta \cdot F_N \tag{4-8}$$

式（4-8）称为**滚动摩阻定律**，其中，δ 是比例常数，称为**滚动摩阻系数**（简称为滚阻系数）。

由式（4-8）可知，滚动摩阻系数具有长度的量纲，单位一般为 mm。低碳钢车轮在钢轨上滚动时，$\delta \approx 0.05$ mm；有滚珠轴承的料车在钢轨上滚动时，$\delta \approx 0.09$ mm；汽车轮胎在沥青路面上滚动时，$\delta \approx 2 \sim 10$ mm。

习题与思考

4-1　如图 4-12 所示，物块自重为 10 kN，与水平面间的摩擦角为 35°，现用力 F 推动物块，$F = 10$ kN，试问物块的平衡状态如何。

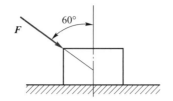

图 4-12　习题与思考 4-1 附图

4-2　判断题：

（1）因为摩擦有害，所以要想办法减小摩擦力。　　　　　　　　　　（　　）

（2）求最大静摩擦力时，物体所受到的正压力不一定与物体的重量相等。　（　　）

（3）物体的最大静摩擦力总是与物体的重量成正比的。　　　　　　　（　　）

（4）物体在任何时候受到的切向摩擦力与法向约束力都可以合成为一个力，这个合力的作用线与支承面法线间的夹角就是摩擦角。　　　　　　　　　　　　（　　）

（5）摩擦角是表征材料摩擦性质的物理量。　　　　　　　　　　　　（　　）

（6）全约束力的作用线必须位于摩擦锥顶角以外的范围，物体才不致滑动。　（　　）

4-3　填空题：

（1）摩擦角的正切值等于_____。

（2）全约束力与接触表面法线间的夹角 φ 随摩擦力增大而_____。

（3）临界摩擦力的大小与两接触物体间的_____成正比。

（4）一个重量为 98 N 的物体，沿水平面做匀速直线运动，物体受到的摩擦力是 20 N，物体受到的拉力是_____N，水平面对它的约束力是_____N，如果将该物体用绳吊起，绳对物体的拉力是_____N。

（5）如果作用于物体的所有主动力的合力的作用线在摩擦角之内，则无论该合力多大，总有全约束力与其平衡。此时，物体始终保持静止，这种现象称为_____。

（6）物体静止时，静摩擦力在零与最大静摩擦力之间变化，所以全约束力与法线间的夹角 α 也在零与_____之间变化。

4-4　如图 4-13 所示，一梯子自重为 W_1，长为 l，上端 B 靠在光滑的铅垂墙面上，梯子与水平面的夹角为 α，其间的静摩擦因数为 f_s。一自重为 W_2 的人沿梯子向上攀登。试求：

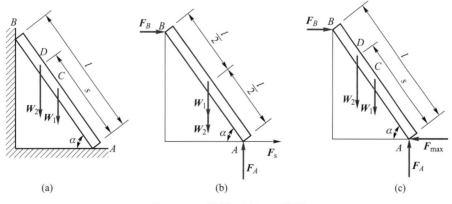

图 4-13　习题与思考 4-4 附图

（1）人攀登梯子至中点 C 时，梯子所受的摩擦力的大小和方向及 A、B 处法向约束力 F_A、F_B 的大小，设此时摩擦力未达到最大值。

（2）人所能达到的最高点 D 与 A 点间的距离 s。

（3）欲使人攀登到梯子的顶点 B 处，此时梯子与地面间摩擦因数 f_s 最少应为多少才不至于发生危险。

4-5 如图 4-14 所示，摩擦制动器的制动轮半径 $R = 0.4\ \text{m}$，鼓轮半径 $r = 0.2\ \text{m}$，两轮为一整体。制动轮与闸瓦之间的静摩擦因数 $f_s = 0.6$，重物的重量 $W = 300\ \text{N}$。尺寸 $a = 0.6\ \text{m}$，$b = 0.8\ \text{m}$，$c = 0.3\ \text{m}$。试求能使鼓轮停止转动所必需的最小压力 F_P。

4-6 如图 4-15 所示，置于铅垂面内的均质正方形薄板重 W，与地面间的静摩擦因数为 0.5，在 A 处作用力 F。欲使板静止不动，则力 F 的最大值为_____。（选自第五届江苏省大学生力学竞赛）

① $\sqrt{2}W$ ② $\dfrac{\sqrt{2}}{2}W$ ③ $\dfrac{\sqrt{2}}{3}W$ ④ $\dfrac{\sqrt{2}}{4}W$

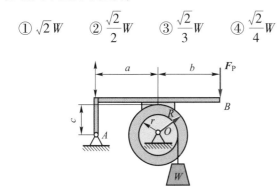

图 4-14 习题与思考 4-5 附图

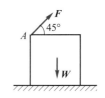

图 4-15 习题与思考 4-6 附图

4-7 如图 4-16 所示，两重量均为 W 的小立方块 A、B 用一不计重量的细杆联接，放置在水平桌面上。已知一水平力 F 作用于 A 块上，立方块与桌面间的静摩擦因数为 f_s，则使系统保持平衡的力 F 的最大值为_____。（选自第九届江苏省大学生力学竞赛）

图 4-16 习题与思考 4-7 附图

单元 5

材料力学概述

学习目标：了解材料力学的研究对象及内容，理解四种基本假设，掌握杆件变形的基本形式，以及内力、应力和应变等基本概念。

单元概述：材料力学主要研究变形体在受力后产生的变形、附加内力，以及由此产生的失效。材料力学建立在试验的基础上，对于工程问题做出了一些科学的假定，将复杂的问题加以简化，为工程构件进行强度、刚度及稳定性计算打下基础。本章的重点包括材料力学的研究对象及内容、杆件变形的基本形式；难点是内力、应力与应变的关系。

材料力学是固体力学的一个分支，主要研究材料在各种外力的作用下，产生应力和应变，导致强度、刚度、稳定性等方面失效的宏观力学机制，是研究工程构件和机械零件承载能力的基础学科之一。

5.1 材料力学在工程上的应用

材料力学通常与建筑结构密切相关，图 5-1a 所示为始建于隋代的赵州桥，桥长 64.4 m，跨径 37.02 m，共使用石材 2800 t，充分运用了石料抗压缩、强度好的特性。图 5-1b 所示为中国古代建筑的穿斗式构架，它具有柱、梁、檩、椽的

🔗 课件 5.1

木质结构：承受建筑重量的直立杆件称为"柱"，水平的大木称为"梁"，与梁正交、两端搭在柱上的称为"檩"，与檩成正交的木条称为"椽"，椽的上面铺的是竹篾和瓦。中国古代建筑的特点是高度低、跨度小、承载能力弱，材料多为砖石和木材。

图 5-2 所示为世界首座六线铁路大桥——南京大胜关长江大桥，中国现代建筑的特点是高度高、跨度大、承载能力强，材料多为钢筋混凝土和钢材。

我们知道，随着汽车数量的增加和行驶速度的不断提高，行车安全越来越重要，统计分析显示：在所有的汽车事故中，与碰撞有关的事故占 90% 以上。如果汽车碰撞是不可避免的，那么如何减少碰撞时对司乘人员的伤害呢？世界各国都在研究和制定汽车碰撞试验标准，通过相关的汽车碰撞试验，可以获取对不同结构缓冲和吸收能量这一特性的认识，开展车身结构抗撞性和碰撞生物力学研究。

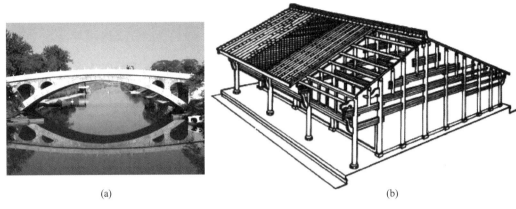

(a)   (b)

图 5-1   中国古代建筑结构

图 5-2   中国现代建筑结构

5.2   材料力学的研究对象及内容

课件 5.2

微视频
汽车碰撞试验

工程构件是组成结构物体和机械最基本的部件，泛指结构元件、机器的零件和部件等。工程构件各式各样，如图 5-3 所示，根据几何形状和尺寸，可以大致分为四类：若构件在某一方向的尺寸比其余两个方向的尺寸大得多，称为杆，杆包括梁、柱和工程上用的轴；若构件在某一方向的尺寸比其余两个方向的尺寸小得多，为平面者称为板，为曲面者称为壳；若构件在三个方向上具有同一量级的尺寸，则称为块。

材料力学以**等截面直杆**作为主要研究对象。

失效是指工程构件在外力作用下丧失正常功能的现象，在工程力学范畴内的失效通常可分为强度失效、刚度失效和稳定失效。

强度失效是指构件在外力作用下发生不可恢复的塑性变形或发生断裂，如图 5-4 所示为重庆綦江彩虹桥，始建于 1994 年 11 月，竣工于 1996 年 2 月，垮塌于 1999 年 1 月 4 日，建设工期为 1 年零 102 天，而使用寿命仅为 2 年零 324 天。事后分析得到的坍塌原因主要有两点：一是主要受力拱架的钢管焊接质量不合格，个别焊缝具有陈旧性裂痕；二是钢管内的混凝土抗压强度不足，低于设计标号的三分之一。

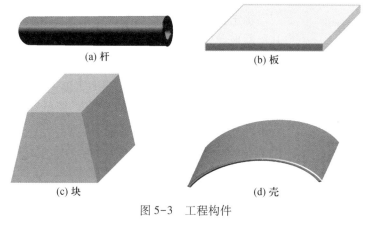

(a) 杆

(b) 板

(c) 块

(d) 壳

图 5-3 工程构件

图 5-4 重庆綦江彩虹桥断裂前后对比

刚度失效是指构件在外力作用下产生过量的弹性变形。如图 5-5 所示，一根杆件在未受载荷作用时保持平直，在铅垂方向载荷的作用下发生弯曲，当载荷去除后又恢复到原始的平直状态，这就是弹性变形。那么过量的弹性变形又会怎样呢？

钳工使用的台钻如图 5-6 所示，钻孔前台钻的头架、导柱和工作台都保持直线状态；在进行钻孔操作时，由于钻头与工件之间产生相互作用力，这三者同时发生弹性弯曲。若作用力过大，产生过度的弹性变形，就无法保证所加工孔的位置精度，这就是刚度失效。

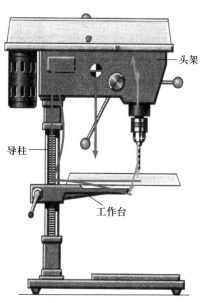

头架

导柱

工作台

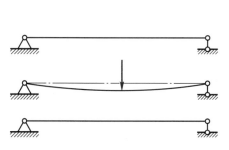

图 5-5 杆件的弹性变形

图 5-6 台钻的过度变形

稳定失效是指构件在某种外力（如轴向压力）的作用下，其平衡形式发生突然转变。如图 5-7a 所示的细长杆件在轴向压力的作用下处于直线形状的平衡状态，当它受到外界水平方向力的干扰后，杆件经过若干次摆动，仍能回到原来的直线平衡位置，则杆件原来的直线平衡状态就称为**稳定平衡**。若受外界干扰后，杆件不能恢复到原来的直线形状而在弯曲形状下保持新的平衡，如图 5-7b 所示，则杆件原来的直线平衡状态是不稳定的，称为**非稳定平衡**。在扰动作用下，直线平衡状态转变为弯曲平衡状态，扰动除去后，不能恢复到直线平衡状态的现象，称为**失稳**。

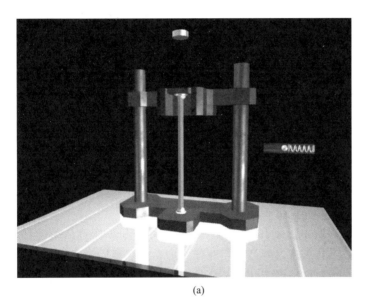

(a)   (b)

图 5-7　稳定平衡与非稳定平衡

根据上述分析，构件在载荷作用下正常工作应满足的要求包括：

（1）构件应具有足够的强度。所谓强度是指构件受力后未发生断裂或产生不可恢复变形的能力。

（2）构件应具有足够的刚度。所谓刚度是指构件受力后未发生超过工程所允许的弹性变形的能力。

（3）构件应具有足够的稳定性。所谓稳定性是指构件在压缩载荷的作用下，保持平衡形式而未发生突然转变的能力。

工程构件的强度、刚度和稳定性与所用材料的力学性能有关，而材料的力学性能应通过试验来测定。由此可见，材料力学的任务是：在保证构件满足强度、刚度和稳定性要求的前提下，兼顾经济性原则，为构件选择最适合的材料，确定合理的截面形状与尺寸，提供必要的理论基础、计算方法和试验技术。

5.3 杆件受力及变形的基本形式

杆件在不同的外力作用下，将产生不同形式的变形，主要包括4种基本的受力和变形形式，即轴向拉伸与压缩、剪切、扭转和弯曲，以及由两种或两种以上基本受力和变形形式叠加而成的组合形式。

课件 5.3

1. 轴向拉伸与压缩变形

当杆件两端承受沿轴线方向的拉力或压力作用时，杆件将产生轴向伸长或压缩的变形，如图5-8所示。工程上将承受轴向拉伸的杆件统称为**拉杆**或杆；将承受轴向压缩的杆件统称为**压杆**或柱。

2. 剪切变形

当杆件横截面上承受两个大小相等、方向相反、作用线平行且相距很近的力作用时，杆件将在横截面处沿外力作用方向上产生相对错动的剪切变形，如图5-9所示。

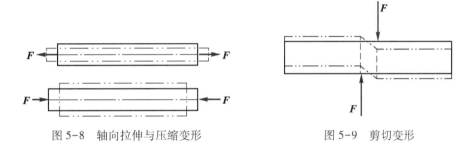

图 5-8　轴向拉伸与压缩变形　　　　图 5-9　剪切变形

3. 扭转变形

当杆件两端横截面内分别承受一对大小相等、方向相反的力偶作用时，杆件将产生扭转变形，即杆件的横截面绕其轴线发生相对转动，如图5-10所示，工程上将承受扭转变形的杆件统称为**轴**。

4. 弯曲变形

当杆件的某个纵向平面承受力偶或垂直于轴线方向的外力作用时，杆件将产生弯曲变形，其轴线由直线变成曲线，如图5-11所示，工程上将承受弯曲变形的杆件统称为**梁**。

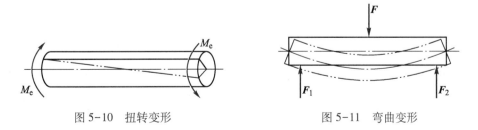

图 5-10　扭转变形　　　　　　图 5-11　弯曲变形

工程构件在载荷作用下的主要变形大多为上述某种变形或几种变形的组合，如图5-12所示简易吊车横梁的压弯组合变形，即为压缩和弯曲变形的组合。

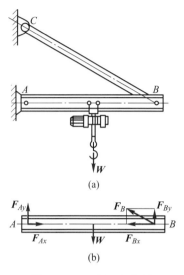

图 5-12　压弯组合变形

5.4　材料力学的基本假设

　　任何固体材料制成的构件，在载荷作用下都将产生变形。在静力学中，只研究物体在力系作用下处于平衡的规律，此时可忽略其变形，将研究对象视为刚体；但在材料力学中，需研究构件的强度、刚度和稳定性，不能忽略其变形，需将固体构件视为变形固体，简称**变形体**。

　　变形体的性质是多方面的，材料力学只研究与强度、刚度和稳定性有关的力学性能，为了研究方便和实用，对其他无关的性质忽略不计，即将变形体进行理想化处理，做出如下三条基本假设。

　　1. 连续均匀性假设

　　实际的工程材料，其内部各组成部分的力学性能往往存在不同的差异，但当变形体的几何尺度足够大，所研究的变形体上各点均为宏观尺度上的点时，则可假定变形体的材料在变形前后均毫无空隙地充满所占空间，且材料各部分的力学性能也是均匀的。此时，变形体内各力学量均可用坐标的连续函数表示，从而有利于建立相关的数学模型，所得到的理论结果也便于应用于工程研究和实践。

　　2. 各向同性假设

　　在微观上，大多数工程材料在不同的方向上具有不同的力学性能，如在金属的内部，各晶粒的力学性能并不完全相同，且晶界物质与晶粒本身的力学性能也各不相同。但当多晶聚集时，晶粒数目极其巨大，且排列杂乱，因此在宏观上可视作各向同性。材料力学中所涉及的金属及大多数非金属材料均假定为各向同性材料，其研究结果也可满足工程上的需要。

　　3. 小变形假设

　　实际的工程构件，受力后的变形量与其原始尺寸相比都是极其微小的。对于由满足胡克定律的材料制成的工程构件，小变形的力学问题大多是线性的。因此，作为研究工程设计的材料力学，均假设变形体在外力的作用下所产生的变形与物体本身的几何尺寸相比是忽略不计的。这样，在研究构件的平衡和运动，以及其内部的受力和变形等问题时，就可按构件的原始尺寸进行计算，从而使计算得到简化，且计算结果的精度也可满足工程上的要求。

5.5 内力及其研究方法

课件 5.5

5.5.1 内力的基本概念

在研究工程构件的承载能力时，通常将构件所承受的载荷和约束力统称为外力。构件在外力作用下将产生变形，其各部分之间的相对位置将发生变化，从而产生构件内部各部分之间的相互作用力，称为**内力**。内力的大小及其在构件内部的分布形式随外力和变形的改变而变化，并与构件的强度、刚度和稳定性密切相关，内力分析是材料力学的基础。

5.5.2 内力的研究方法——截面法

要想分析内力，须用一个假想的截面 $m—m$ 将平衡构件切开，分为 A 和 B 两个部分，如图 5-13a 所示。任取其中一部分，如取 A 作为研究对象，用截面 $m—m$ 上的力来代替 B 对 A 的作用，如图 5-13b 所示。

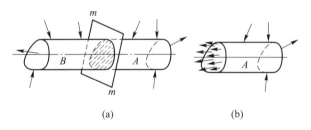

(a)   (b)

图 5-13 平衡构件外力与内力的分布

根据变形体连续均匀性假设，截面上的力应是连续分布的。通常把这种在截面上连续分布的力向截面的某一点简化后得到的力和力偶，称为截面上的内力。由于研究对象 A 处于平衡状态，故可以通过建立平衡方程来计算截面上的内力大小。

这种用假想的截面将构件分成两部分，任取其一建立平衡方程，以确定截面上内力的方法称为**截面法**，其全部过程可归纳为：

（1）**截**。用假想的截面把构件分成两部分，任意留下其中的一部分作为研究对象，将另一部分移去。

（2）**代**。用作用于截面上的内力代替移去部分对留下部分的作用。

（3）**平**。对留下的部分建立平衡方程，以确定未知的内力。

截面法是材料力学分析内力的基本方法，一定要熟练掌握。

5.6 应力与应变

1. 应力的概念

为了描述内力在截面上的分布情况，可引入应力的概念，即内力在截面上分布的密集程度，简称集度。如图 5-14a 所示的杆件，在截面 $m—m$ 上任意一点 O 的周围取一个微小面积 ΔS，设在 ΔS 上分布内力的合力为 ΔF，一般情况下 ΔF 不与截面垂直，则 ΔF 与 ΔS 的比值称为 ΔS 上的**平均应力**，用 P_m 表示，即：

$$P_m = \frac{\Delta F}{\Delta S} \tag{5-1}$$

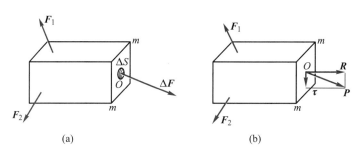

图 5-14　杆件在横截面上的应力

一般情况下，内力在截面上的分布是不均匀的，为了更加真实地反映内力的实际分布情况，应使 ΔS 面积缩小并趋近于零，则平均应力 P_m 的极限值称为 $m—m$ 截面上 O 点处的**全应力**，并用 P 表示，即：

$$P = \lim_{\Delta S \to 0} \frac{\Delta F}{\Delta S} = \frac{dF}{dS} \tag{5-2}$$

式（5-2）中，全应力 P 是一个矢量，使用中常将其分解成与截面垂直的分量 R 和与截面相切的分量 τ，R 称为**正应力**，τ 称为**切应力**，如图 5-14b 所示。

将全应力用正应力和切应力这两个分量来表达具有明确的物理意义，因为它们和材料的两类破坏现象——拉断和剪切错动一一对应。因此，今后在强度计算中一般只计算正应力和切应力而不计算全应力。

在国际法定计量单位中，应力的单位为帕（Pa），$1\,\mathrm{Pa} = 1\,\mathrm{N/m^2}$。在工程实际中，这一单位太小，常用 MPa 和 GPa 表示，其关系为 $1\,\mathrm{MPa} = 1\,\mathrm{N/mm^2} = 10^6\,\mathrm{Pa}$，$1\,\mathrm{GPa} = 1\,\mathrm{kN/mm^2} = 10^9\,\mathrm{Pa}$。

2. 应变的概念

构件在外力的作用下，其尺寸和形状会发生改变，与此同时，构件上的点和面相对于初始位置也会发生变化。如果将变形体看成是由许多微单元体（简称微元体）所组成，则变形体的整体变形可看作是所有微元体变形累加的结果。由此，假想把受力变形体的任意点截取为微元体（通常为正六面体），一般情况下，微元体的各个面上均有应力作用。

对于受正应力作用的微元体，如图 5-15a 所示，沿着正应力方向和垂直于正应力方向将分别产生伸长和缩短，这种变形称为**线应变**。衡量变形体在各点处变形程度的量称为**正应变**（或线应变），用 e 表示。根据微元体变形前、后沿 x 方向长度 dx 的相对改变量，有：

$$e = \frac{du}{dx} \tag{5-3}$$

式（5-3）中，dx 为变形前微元体在正应力作用方向的长度；du 为微元体变形后相距 dx 的两截面沿正应力方向的相对位移。

对于正应变 e 和正应力 R 的正负，一般约定为：拉应变为正，压应变为负；产生拉应变的应力为正，产生压应变的应力为负。

对于受切应力作用的变形体，如图 5-15b 所示，其微元体将发生剪切变形，其变形程度可用微元体直角的改变量来衡量，称为**切应变**（或角应变），用 γ 表示，$\gamma = \alpha + \beta$，其单位为 rad。切应变 γ 和正应变 e 是衡量构件内某一点处变形程度的两个基本量。

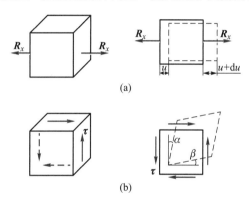

图 5-15   正应变与切应变

3. 应力与应变之间的关系

试验结果表明：当变形体在弹性范围内进行加载时，对于只承受单向正应力或切应力的微元体，正应力与正应变及切应力与切应变之间存在线性的关系：

$$R = E \cdot e \tag{5-4}$$
$$\tau = G \cdot \gamma \tag{5-5}$$

式（5-4）和式（5-5）是描述线弹性材料物理性能关系的方程，统称为**胡克定律**，式中的 E 和 G 是与材料有关的弹性常数，E 称为**杨氏模量**，G 称为**切变模量**，其单位均为 GPa。

习题与思考

5-1   材料力学研究的工程材料有哪些基本假设？连续均匀性假设和各向同性假设有何区别？

5-2   什么是构件的强度、刚度与稳定性？

5-3   什么是内力？材料力学研究内力采用什么方法？其分析步骤包括哪些？

5-4　内力和应力有什么区别和联系？什么是正应力？什么是切应力？

5-5　什么是正应变？什么是切应变？

5-6　填空题：

（1）静力学的研究对象是刚体，材料力学的研究对象是_____。

（2）为保证工程结构或机器设备的正常工作，构件应具备足够的_____、_____和稳定性。

（3）_____法是研究构件内力的基本方法。

单元 6

轴向拉伸与压缩

学习目标： 了解轴向拉伸与压缩时的受力及变形特点，能够分析轴力及横截面上的正应力，掌握轴向拉伸与压缩的力学性能指标及其试验方法，能正确进行轴向拉伸（或压缩）时构件的变形及强度计算。

单元概述： 轴向拉伸与压缩时的内力、应力、应变等基本概念、相互关系及分析与计算。本单元的重点包括轴力与正应力分析、胡克定律及应力-应变曲线，以及轴向拉伸与压缩时的刚度与强度计算等；难点是轴力图的绘制技巧、斜截面上的应力分析，以及简单超静定问题的分析与计算等。

6.1　轴向拉伸与压缩的概念

工程实际中，有很多杆件是承受轴向拉伸或压缩的。如图 6-1 所示的螺栓联接，当拧紧螺母时，螺栓受到拉伸。又如图 6-2 所示的建筑桁架结构中，当不计自重时，所有的杆件均为二力杆，分别受到轴向拉伸或压缩的作用。

　课件 6.1

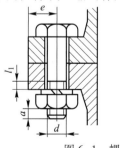

图 6-1　螺栓联接

这些发生轴向拉伸或轴向压缩的杆件一般称为拉杆或压杆，如图 6-3a 所示，其形状、结构或加载方式可各不相同，但都可以简化成如图 6-3b 所示的力学模型，其受力和变形具有共同的特点：作用于杆件的外力（或外力的合力）的作用线与杆件的轴线重合，杆件的变形总是沿轴线方向伸长或缩短，此时横向尺寸也随之发生变化，这种变形形式称为**轴向拉伸**或**轴向压缩**。

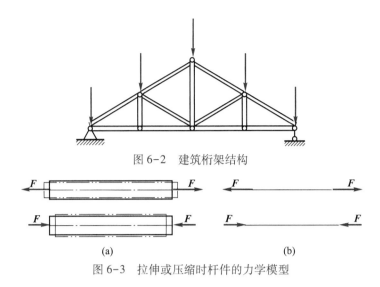

图 6-2   建筑桁架结构

图 6-3   拉伸或压缩时杆件的力学模型

6.2   轴向拉伸与压缩时的内力分析

对于如图 6-4a 所示的受拉杆件，假想将其沿横截面 m—m 分成左、右两部分。杆件在外力作用下处于平衡状态，则左、右两部分也必然处于平衡状态。取左段为研究对象，如图 6-4b 所示，此时该段受外力 $\boldsymbol{F}$ 和横截面 m—m 上内力的作用，由二力平衡条件可知：该内力的合力必与外力 $\boldsymbol{F}$ 共线，且沿杆件的轴线方向，故将其称为**轴力**，用符号 $\boldsymbol{F}_\mathrm{N}$ 表示。其大小可由平衡方程求出：

$$\sum F_x = 0, \quad F_\mathrm{N} - F = 0$$

$$F_\mathrm{N} = F$$

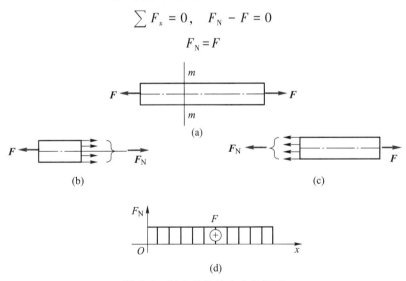

图 6-4   轴向拉伸的内力分析图

若取杆件的右段为研究对象，如图 6-4c 所示，同样可求得轴力 $F_\mathrm{N} = F$，但其方向与用左段求出的轴力方向相反。

为使两种算法得到的同一横截面上的轴力不仅数值相等，且符号也相同，规定轴力的正负如下：当轴力的方向与横截面的外法线方向一致时，杆件受拉伸长，轴力为正；反之，杆件受压缩短，轴力为负。

显然，图6-4所示横截面 m—m 上的轴力为正。在计算轴力时，通常未知轴力先按正向假设，若计算结果为正，则表示轴力的实际指向与所设指向相同，轴力为拉力；若计算结果为负，则表示轴力的实际指向与所设指向相反，轴力为压力。

工程实际中，杆件所受的外力通常较复杂，为了能够形象、直观地表示出整个杆件各横截面上轴力的分布情况，往往采用轴力图。轴力图按适当的比例进行绘制，用平行于杆件轴线的坐标轴 Ox 表示横截面的位置，用垂直于杆件轴线的坐标轴表示横截面轴力 $\boldsymbol{F}_N$ 的大小，通常将正的轴力画在 x 轴的上方，负的轴力画在 x 轴的下方，如图6-4d所示。

【例6-1】 一等横截面直杆所受外力经简化后，其计算简图如图6-5a所示，试作其轴力图。

解：（1）作杆件的受力分析图，如图6-5b所示，求约束力 F_A：

根据 $\sum F_x = 0,\ -F_A - F_1 + F_2 - F_3 + F_4 = 0$

得：$F_A = -40\ \text{kN} + 55\ \text{kN} - 25\ \text{kN} + 20\ \text{kN} = 10\ \text{kN}$

（2）求各段横截面上的轴力并作轴力图：

AB 段：$F_{N1} = F_A = 10\ \text{kN}$（以左段为研究对象）

BC 段：$F_{N2} = 10\ \text{kN} + 40\ \text{kN} = 50\ \text{kN}$（以左段为研究对象）

CD 段：$F_{N3} = 20\ \text{kN} - 25\ \text{kN} = -5\ \text{kN}$（以右段为研究对象）

DE 段：$F_{N4} = 20\ \text{kN}$（以右段为研究对象）

由以上计算结果可知：杆件在 CD 段受压，其他各段均受拉。最大轴力 $F_{N\max}$ 在 BC 段，其轴力图如图6-5c所示。

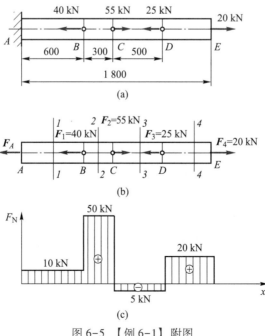

图6-5 【例6-1】附图

对于等横截面的直杆，内力最大的横截面称为**危险截面**，如上例中 *CD* 段内各横截面。通过绘制轴力图可以确定危险截面的位置及其上内力的数值。

运用截面法计算轴力时，还可以得出这样的结论：拉伸（或压缩）杆件各横截面上的轴力在数值上等于该横截面一段（研究对象）所有外力的代数和，外力背离横截面时取正号，指向该横截面时取负号。即：

$$F_N = \sum_{i=1}^{n} F_i \tag{6-1}$$

【**例 6-2**】 如图 6-6a 所示，作用于活塞杆上的力分别为 $F_1 = 2.62\ \text{kN}$，$F_2 = 1.3\ \text{kN}$，$F_3 = 1.32\ \text{kN}$，活塞的受力分析如图 6-6b 所示。这里 F_2 和 F_3 分别是以压强 p_2 和 p_3 乘以作用面积得出的。试求活塞杆横截面 *1—1* 和 *2—2* 的轴力，并绘制活塞杆的轴力图。

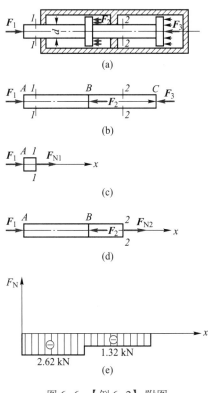

图 6-6 【例 6-2】附图

解：（1）求轴力。运用截面法，用横截面 *1—1* 将活塞分为两段，取左段为研究对象，其受力分析如图 6-6c 所示，直接采用式（6-1）可得：

$$F_{N1} = -F_1 = -2.62\ \text{kN}$$

此时轴力为负，杆件受压。

同理可得横截面 *2—2* 上的轴力 F_{N2}，如图 6-6d 所示，列平衡方程得：

$$F_{N2} = F_2 - F_1 = -1.32\ \text{kN}$$

此时轴力为负，杆件受压。

（2）绘制轴力图，如图 6-6e 所示。

通常规定：在绘制轴力图时，坐标轴可省略不画。轴力图一般应与计算简图上下对齐。此时，在图上标注内力的数值及单位，在图框内均匀地画出垂直于杆件轴线的纵坐标线，并标注正负号即可。

6.3 轴向拉伸与压缩时的应力分析

为求得杆件在横截面上任意一点的应力，需要了解内力在横截面上的分布规律。通常情况下，可采用试验的方法，观察杆件在受力后的变形情况，并由此进行应力分析。

6.3.1 横截面上的应力分析

取一等截面直杆，在杆上画出与杆件轴线垂直的横向线 ab、cd，再画上与杆件轴线平行的纵向线，形成大小相同的正方形网格，如图 6-7a 所示，然后在杆件的两端沿轴线作用拉力 F，使杆件产生拉伸变形。

此时可以观察到：横向线在拉伸变形前后均为垂直于杆件轴线的直线，仅横向间距增大；纵向线在拉伸变形前后也均为平行于轴线的直线，仅纵向间距减小，即所有的正方形网格均变成大小相同的长方形网格，如图 6-7b 所示。

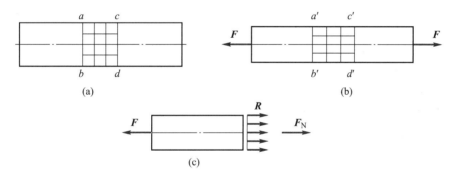

图 6-7　等截面直杆的拉伸变形

根据上述现象，通过由表及里的分析，可提出以下假设及推理：

（1）变形前原为平面的横截面，变形后仍保持为平面，仅沿轴线产生了一个相对的平移，且仍与杆件的轴线垂直，这就是平面假设。

（2）假设杆件是由无数根纵向纤维组成，则由平面假设可知：任意两个横截面之间，所有纵向线段的伸长量均相同，即变形相同。

由材料的连续均匀性假设，可以推断出杆件的内力在横截面上是均匀分布的，即横截面上各点处的应力大小相等，其方向与 F_N 一致，垂直于横截面，故为正应力，如图 6-7c 所示，其计算式为：

$$R = \frac{F_N}{S} \qquad (6\text{-}2)$$

式（6-2）中，F_N 为横截面上的轴力，单位为 N；S 为横截面面积，单位为 mm^2。

应该指出：在外力作用点的附近，应力分布较为复杂，且为非均匀分布，式（6-2）

仅适用于离外力作用点的稍远处（大于横截面尺寸）横截面上的正应力计算。此时，规定正应力以拉为正、压为负。

【例 6-3】 钢制阶梯杆的受力分析如图 6-8a 所示。杆各段的横截面面积分别为：$S_1 = 1000\,\text{mm}^2$，$S_2 = 500\,\text{mm}^2$，$S_3 = 1000\,\text{mm}^2$，试画出轴力图，并求出此杆的最大正应力。

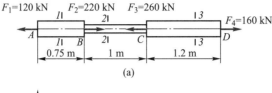

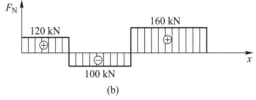

图 6-8　【例 6-3】附图

解：（1）计算杆各段轴力。

AB 段横截面上的轴力为：$F_{N1} = F_1 = 120\,\text{kN}$

BC 段横截面上的轴力为：$F_{N2} = F_1 - F_2 = 120\,\text{kN} - 220\,\text{kN} = -100\,\text{kN}$

CD 段横截面上的轴力为：$F_{N3} = F_4 = 160\,\text{kN}$

（2）作轴力图。

由各横截面上的轴力值，作轴力图，如图 6-8b 所示。

（3）计算各段正应力。

AB 段：$R_1 = \dfrac{F_{N1}}{S_1} = \dfrac{120 \times 10^3\,\text{N}}{1000\,\text{mm}^2} = 120\,\text{MPa}（拉应力）$

BC 段：$R_2 = \dfrac{F_{N2}}{S_2} = -\dfrac{100 \times 10^3\,\text{N}}{500\,\text{mm}^2} = -200\,\text{MPa}（压应力）$

CD 段：$R_3 = \dfrac{F_{N3}}{S_3} = \dfrac{160 \times 10^3\,\text{N}}{1000\,\text{mm}^2} = 160\,\text{MPa}（拉应力）$

由此可知，杆的最大正应力在 BC 段，$R_{max} = R_2 = -200\,\text{MPa}$，为压应力。

【例 6-4】 如图 6-9 所示，一个中间开槽的直杆承受轴向载荷 $F = 20\,\text{kN}$ 的作用，已知 $h = 20\,\text{mm}$，$h_0 = 4\,\text{mm}$，$b = 16\,\text{mm}$，试求杆件的最大正应力。

解：（1）计算轴力。用截面法求得杆中各处的轴力为 $F_N = -F = -20\,\text{kN}$。

（2）求最大正应力。由图 6-9b 可知，S_2 较小，故中段的正应力较大。

$$S_2 = (h - h_0)b = (20 - 4)\,\text{mm} \times 16\,\text{mm} = 256\,\text{mm}^2$$

最大正应力 $R_{max} = \dfrac{F_N}{S_2} = -\dfrac{20 \times 10^3\,\text{N}}{256\,\text{mm}^2} \approx -78.13\,\text{MPa}$，为压应力。

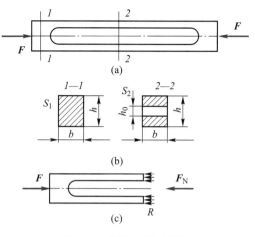

图 6-9 【例 6-4】附图

6.3.2 斜截面上的应力分析

试验证明，承受轴向拉伸或压缩的杆件在发生破坏时，不一定都是沿横截面发生，有时也会沿斜截面发生。为全面了解杆件各处的应力情况，有必要研究轴向拉伸（或压缩）时，杆件斜截面上的应力。

如图 6-10a 所示，一等截面直杆受轴向拉力 F 的作用。由截面法可知 $F_N = F$，若杆的横截面面积为 S，则杆件横截面上的正应力为：$R = \dfrac{F_N}{S}$。

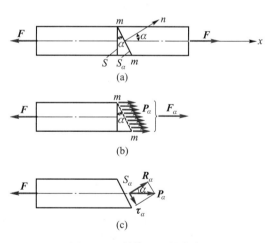

图 6-10 斜截面上的应力

用任意斜截面 m—m 假想地将杆件截成两段，其外法线方向 n 与杆件轴线的夹角为 α，采用截面法，可求得斜截面上的内力为：$F_\alpha = F$。

因为斜截面上的应力也是均匀分布的，故斜截面上的应力为 P_α，如图 6-10b 所示。

$$P_\alpha = \frac{F_\alpha}{S_\alpha} = \frac{F}{S_\alpha}$$

式中，S_α为斜截面面积，将$S_\alpha=\dfrac{S}{\cos\alpha}$代入上式后有：

$$P_\alpha=\frac{F}{S_\alpha}=\frac{F}{S}\cos\alpha=R\cos\alpha \tag{6-3}$$

将P_α分解为与斜截面垂直的正应力R_α和与斜截面相切的切应力τ_α，如图6-10c所示，由几何关系得到：

$$\begin{cases}R_\alpha=P_\alpha\cos\alpha=R\cos^2\alpha \\ \tau_\alpha=P_\alpha\sin\alpha=R\cos\alpha\cdot\sin\alpha=\dfrac{R}{2}\sin2\alpha\end{cases} \tag{6-4}$$

由式（6-4）可知，R_α、τ_α都是角α的函数，即截面上的应力随截面方位的改变而改变，且：

（1）当$\alpha=0°$时，$R_{0°}=R\cos^20°=R=R_{max}$，$\tau_{0°}=\dfrac{R}{2}\sin0°=0$

（2）当$\alpha=45°$时，$R_{45°}=R\cos^245°=\dfrac{R}{2}$，$\tau_{45°}=\dfrac{R}{2}\sin90°=\dfrac{R}{2}=\tau_{max}$

（3）当$\alpha=90°$时，$R_{90°}=R\cos^290°=0$，$\tau_{90°}=\dfrac{R}{2}\sin180°=0$

由此，可以得到以下结论：

（1）轴向拉伸或压缩时，横截面上的正应力具有最大值，切应力为零。

（2）在杆的斜截面上，既有正应力，又有切应力。在45°的斜截面上，切应力最大，此时正应力与切应力相等，其值均为横截面上正应力的一半。

（3）轴向拉伸或压缩时，平行于杆件轴线的纵截面上无应力。

在应用式（6-4）时，须注意角度α和R_α、τ_α的正负号。

应力符号规定如下：

（1）x轴沿逆时针方向转至斜截面的外法线时，则角度α为正，如图6-10a所示，反之为负；

（2）R_α仍以拉应力为正，压应力为负；

（3）在保留段内任取一点，若τ_α对该点之矩为顺时针方向，则规定τ_α为正，反之为负。

由式（6-4）中的切应力计算公式$\tau_\alpha=\dfrac{R}{2}\sin2\alpha$可以看出，必有$\tau_\alpha=-\tau_{\alpha+90°}$，说明在杆件内部相互垂直的截面上，切应力必然成对地出现，两者等值且都垂直于两平面的交线，其方向则同时指向或背离交线，此为**切应力互等定理**。

6.4　轴向拉伸与压缩时的变形分析

当杆件受到轴向拉伸（或压缩）时，其变形主要表现为沿轴向的伸长（或缩短），即轴向变形。由试验可知：当杆件沿轴向伸长（或缩短）时，其横向尺寸也会相应缩小（或增大），即产生垂直于轴线方向的横向变形。

6.4.1　轴向应变与横向应变

设圆形等截面直杆原长为 L，直径为 d，受到轴向拉力 F 作用后，变形为如图 6-11 中点画线所示的形状，轴向长度由 L 变为 L_1，横向尺寸由 d 变为 d_1，则：

杆件的轴向绝对变形为：　　　　　　$\Delta L = L_1 - L$　　　　　　　　　　　　　　(6-5)

杆件的横向绝对变形为：　　　　　　$\Delta d = d_1 - d$　　　　　　　　　　　　　　(6-6)

图 6-11　轴向变形与横向变形

为了度量杆件的变形程度，通常用单位长度内杆件的绝对变形即应变来衡量杆件的相对变形程度，与上述两种绝对变形相对应的应变为：

杆件的**轴向应变**：　　　　　　　$e = \dfrac{\Delta L}{L} = \dfrac{L_1 - L}{L}$　　　　　　　　　(6-7)

杆件的**横向应变**：　　　　　　　$e' = \dfrac{\Delta d}{d} = \dfrac{d_1 - d}{d}$　　　　　　　　　(6-8)

e 和 e' 都是无量纲的数，其正负分别与 ΔL 和 Δd 一致。

6.4.2　泊松比

试验表明：对于同一种材料，当应力不超过某一限度（线弹性范围内）时，横向应变与轴向应变之比的绝对值 ν 为一个常数，这也是一个无量纲的数，称为**泊松比**。

$$\nu = \left| \frac{e'}{e} \right|$$　　　　　　　　　(6-9)

考虑到 e 和 e' 的符号恒相反，故有：

$$e' = -\nu e$$　　　　　　　　　(6-10)

6.4.3　胡克定律

试验证明：轴向拉伸（或压缩）时，当正应力不超过某一限度（线弹性范围内）时，杆件的轴向绝对变形 ΔL 与轴力 F_N 及杆长 L 成正比，而与杆件的横截面面积 S 成反比。

$$\Delta L \propto \frac{F_N \cdot L}{S}$$

引入比例常数 E，得：

$$\Delta L = \frac{F_N \cdot L}{E \cdot S}$$　　　　　　　　　(6-11)

式（6-11）即为**胡克定律**，比例常数 E 为材料的**杨氏模量**，是表明力学性能的物理量之一，其量纲及单位均与应力相同，常用 GPa 表示。

式（6-11）表明：在 F_N 和 L 不变的情况下，$E \cdot S$ 越大，则 ΔL 越小。因此，$E \cdot S$ 可表示杆件抵抗拉伸（或压缩）变形能力的大小，称为杆件的**抗拉（压）刚度**。

对于变截面（如阶梯轴）或轴力有变化的杆件，当受到轴向拉伸或压缩时，杆件总的变形量为：

$$\Delta L = \sum_{i=1}^{n} \Delta L_i = \sum_{i=1}^{n} \frac{F_{Ni} \cdot L_i}{E \cdot S_i} \qquad (6\text{-}12)$$

若将式（6-2）和式（6-7）代入式（6-11），则可得胡克定律的另一表达式，即式（5-4）。式（6-11）和式（5-4）是胡克定律的两种不同表达形式，由式（5-4）可知，在线弹性范围内，应力与应变成正比。

杨氏模量与泊松比均表征材料的物理性能，可由试验测定，常用材料的杨氏模量 E 和泊松比 ν 值见表 6-1。

表 6-1　常用材料的杨氏模量 E 和泊松比 ν 值

材料	E/GPa	ν
低碳钢	200～220	0.24～0.28
低碳合金钢	196～216	0.25～0.33
合金钢	186～206	0.25～0.30
灰口铸铁	115～157	0.23～0.27
木材（顺纹）	9～12	—
砖石料	2.7～3.5	0.12～0.20
混凝土	15～36	0.16～0.18
花岗岩	49	0.16～0.34

【例 6-5】 阶梯杆件受力情况如图 6-12a 所示，已知横截面面积 $S_{AB} = S_{BC} = 800 \text{ mm}^2$，$S_{CD} = 400 \text{ mm}^2$，杨氏模量 $E = 200 \text{ GPa}$。试求杆件的总伸长量。

解：（1）作轴力图：

采用截面法求得 CD 段和 BC 段的轴力 $F_{NCD} = F_{NBC} = -10 \text{ kN}$，$AB$ 段的轴力为 $F_{NAB} = 20 \text{ kN}$，画出杆的轴力图如图 6-12b 所示。

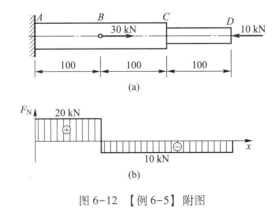

图 6-12　【例 6-5】附图

（2）应用式（6-11），计算杆件各段的变形量：

$$\Delta L_{AB} = \frac{F_{NAB} \cdot L_{AB}}{E \cdot S_{AB}} = \frac{20 \times 10^3 \times 100}{200 \times 10^3 \times 800} \text{mm} = 0.0125 \text{ mm}$$

$$\Delta L_{BC} = \frac{F_{NBC} \cdot L_{BC}}{E \cdot S_{BC}} = \frac{-10 \times 10^3 \times 100}{200 \times 10^3 \times 800} \text{mm} \approx -0.0063 \text{ mm}$$

$$\Delta L_{CD} = \frac{F_{NCD} \cdot L_{CD}}{E \cdot S_{CD}} = \frac{-10 \times 10^3 \times 100}{200 \times 10^3 \times 400} \text{mm} = -0.0125 \text{ mm}$$

（3）计算阶梯杆件的总伸长：

杆件的总变形量等于各段变形之和：

$$\Delta L = \Delta L_{AB} + \Delta L_{BC} + \Delta L_{CD} = -0.0063 \text{ mm}$$

计算结果为负，说明阶梯杆件的总体变形为缩短。

6.5　轴向拉伸与压缩时的力学性能

工程构件在外力的作用下，其强度和变形方面所表现出的力学性能是强度计算和选用材料的重要依据之一。前面已提到过的杨氏模量 E、泊松比 ν 等，都是材料的力学性能指标。材料的力学性能可通过试验进行测定，试验表明：材料的力学性能不但取决于材料的成分及其内部的组织结构，还与试验条件（如受力状态、温度及加载方式等）有关。本节仅讨论常见材料在常温（指室温）、静载（加载速度缓慢平稳）下进行拉伸或压缩时的力学性能。

6.5.1　试样

拉伸试验是研究材料力学性能最常用和最基本的试验，为了便于对试验结果进行对比，需将试验材料按照国家标准（GB/T 228.1—2021）制成标准试样。

1. 拉伸试样

拉伸试验中，一般金属材料采用圆形截面标准试样或矩形截面比例试样。试样的中间等直杆部分作为试验段，其长度 L 称为标距（用于测量试样尺寸变化部分的长度），试件两端较粗的部分用于进行装夹。

对于圆形截面标准试样，如图 6-13a 所示，通常将标距 L 与横截面直径 d 的比例规定为 $L = 10d$ 或 $L = 5d$；对于矩形截面比例试样，如图 6-13b 所示，其标距 L 与横截面面积 S 的比例规定为 $L = 5.65\sqrt{S}$ 或 $L = 11.3\sqrt{S}$。

2. 压缩试样

压缩试验中，通常采用圆形截面或正方形截面的短柱体试样，如图 6-14 所示，其标距 L 与横截面直径 d 或边长 b 的比值一般规定为 $1\sim3$，这样才能避免试样在试验过程中被压弯。

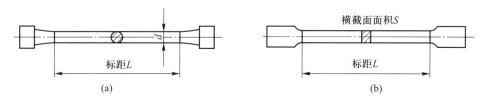

图 6-13　拉伸试样

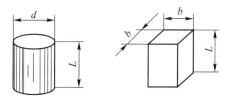

图 6-14　压缩试样

6.5.2　拉伸试验与应力-应变曲线

拉伸试验在万能试验机上进行，其结构及工作原理如图 6-15 所示。试验时，将试样装在夹头中，然后开动机器进行加载，此时，可采用两种控制试验速率的方法：应变速率法和应力速率法。

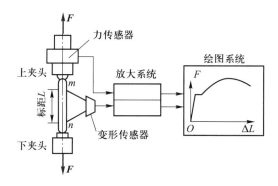

图 6-15　拉伸试验装置示意图

试验开始后，试样受到由零逐渐增加的拉力 F 的作用，同时发生伸长变形，直至被拉断。通过试验装置的绘图系统，能自动绘出载荷 F 与相应的伸长变形 ΔL 的关系曲线，称为**拉伸曲线**或 $F\text{-}\Delta L$ 曲线，如图 6-16a 所示。

为消除试样横截面尺寸和长度的影响，将载荷 F 除以试样原始的横截面面积 S_0，得到正应力 R；将变形 ΔL 除以试样的原始标距 L_0，得到轴向应变 e。这样的曲线称为**应力-应变曲线**或 $R\text{-}e$ 曲线，如图 6-16b 所示。只要比例选得适当，$R\text{-}e$ 曲线的形状与 $F\text{-}\Delta L$ 曲线是相似的，可反映材料本身的特性。

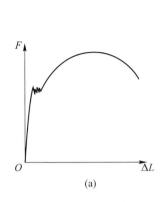
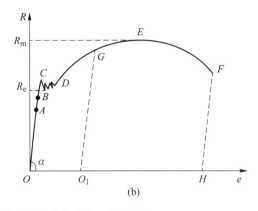

图 6-16　低碳钢的拉伸曲线与应力-应变曲线

6.5.3　低碳钢拉伸时的力学性能

低碳钢是工程上应用最广泛的塑性金属材料之一，它在拉伸试验中表现出来的力学性能最为典型，图 6-16b 所示为低碳钢在拉伸时的应力-应变曲线，整个过程大致可分为以下四个阶段。

1. 弹性阶段（OB 段）

试样在这一段中只有弹性变形，即在 OB 段上任意一点卸载，变形会全部消失并恢复至试样的原始长度，即 R-e 曲线会严格地沿 BO 线返回至 O 点。

R-e 曲线过了 A 点进入 AB 段以后，不再保持直线形状。这说明 R、e 之间的正比例关系已不复存在，但材料在此阶段产生的变形仍为**弹性变形**。

A、B 点对应的应力值分别称为比例极限和弹性极限[①]，但实际上二者非常接近，可依赖记录数据和试验结果进行观测。在工程应用中，一般均应使构件在弹性范围内工作。

2. 屈服阶段（CD 段）

当载荷继续增大，使应力达到 C 点所对应的应力值后，应力将不再增加，会出现接近水平的小锯齿形波动，而应变却迅速增大，这表明材料已暂时失去了抵抗变形的能力，这种现象称为材料的**屈服**。

在屈服阶段，如果试样表面足够光滑，可以看到与轴线大约成 45° 的细微条纹，如图 6-17 所示。这是材料的微小晶粒沿最大切应力的作用面产生滑移造成的结果，因此称为**滑移线**，这一现象说明塑性材料的破坏是由最大切应力引起的。

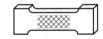

图 6-17　低碳钢在屈服阶段产生的滑移线

---

① 与 GB/T 10623—1989 对照，在 GB/T 10623—2008《金属材料　力学性能试验术语》中，仅保留"比例极限"和"弹性极限"等术语的名称，但已不再标明其对应的符号。

在屈服阶段，对应于 R-e 曲线的最高点和最低点的应力分别称为**上屈服强度** R_{eH} 和**下屈服强度** R_{eL}，如图 6-18 所示。通常下屈服强度比较稳定，根据国家标准规定，将下屈服强度作为材料的**屈服强度**，用符号 R_e 表示。

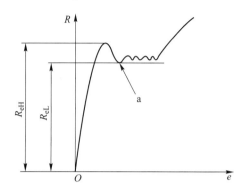

图 6-18   低碳钢的上屈服强度与下屈服强度

当材料屈服时，将产生显著的塑性变形。通常，在工程中是不允许构件在塑性变形的情况下工作的，所以 R_e 是衡量材料强度的重要指标。

3. 强化阶段（DE 段）

屈服阶段后，材料由于塑性变形使内部的晶体结构得到了调整，其抵抗变形的能力又有所恢复。R-e 曲线上 DE 段又开始上升，这表明：若要使材料继续变形，必须增大应力，这一阶段称为材料的**强化阶段**。最高点 E 所对应的应力值称为材料的**抗拉强度**，用符号 R_m 表示。R_m 也是衡量材料强度的另一个重要指标，例如，Q235 钢的抗拉强度 $R_m \approx 390 \, \text{MPa}$。

4. 颈缩阶段（EF 段）

在强化阶段，试件的变形是均匀的，当应力达到抗拉强度后，在试样较薄弱的横截面处，会发生急剧的局部收缩，即**颈缩现象**，如图 6-19 所示。此后，由于颈缩处的横截面面积迅速减小，所能承受的拉力也相应降低，最终导致试样断裂，R-e 曲线呈下降的 EF 段形状。

图 6-19   低碳钢的颈缩现象

综上所述，当应力增大到屈服强度时，材料出现了明显的塑性变形；抗拉强度表示材料抵抗破坏的最大能力，因此对于低碳钢来说，R_e 和 R_m 是衡量材料强度的两个重要指标。

试件拉断后，弹性变形消失，但塑性变形却保留下来。工程中试样产生塑性变形的程度通常用断后伸长率 A 和断面收缩率 Z 表示，A 和 Z 是材料的两个塑性指标。

断后伸长率以百分比表示试样单位长度的塑性变形，即：

$$A = \frac{L_u - L_0}{L_0} \times 100\% \tag{6-13}$$

式（6-13）中，L_u 为试样拉断后标距段（含塑性变形）的拼合长度；L_0 为试样原始标距。

断面收缩率是试样横截面面积改变的百分率，即：

$$Z = \frac{S_0 - S_u}{S_0} \times 100\% \tag{6-14}$$

式（6-14）中，S_u 为试样断裂处的最小横截面面积；S_0 为试样原始的横截面面积。

低碳钢的断后伸长率为 20%~30%，断面收缩率约为 60%。断后伸长率 A 和断面收缩率 Z 是衡量材料塑性的重要指标，工程上通常把 $A \geqslant 5\%$ 的材料称为**塑性材料**，如钢、铜和铝等；把 $A < 5\%$ 的材料称为**脆性材料**，如铸铁、砖石和混凝土等。

🔧 拓展知识　冷作硬化

试验表明：如果将试样拉伸到超过屈服强度 R_e 后的任意一点，如图 6-16b 中的 G 点，然后缓慢卸载，就会发现，此时卸载过程中试样的应力-应变保持直线关系，R-e 曲线会沿着与 AO 平行的直线 GO_1 返回至 O_1 点，而不是沿原来的加载曲线返回至 O 点。

如果将卸载后的试样重新进行加载，则 R-e 曲线将基本沿着卸载时的直线 O_1G 上升至 G 点，G 点后的曲线仍与原来的 R-e 曲线大致相同，沿 GEF 变化，直至 F 点试样被拉断为止。

将卸载后重新加载出现的直线 O_1G 与初次加载时的直线 OA 对比，G 点的应力值明显大于 A 点。这说明材料的比例极限有所提高，试样断裂后留下的塑性应变（图 6-16b 中的 O_1H 段）却大为降低。这种经重复加载后，材料比例极限增大而塑性应变减小的现象就称为材料的**冷作硬化**。

由于能提高材料的比例极限，工程上常用冷作硬化来提高某些构件在线弹性范围内的承载能力。如起重机中的钢索、建筑用的钢筋等，常用冷拔工艺进行强化。值得注意的是：冷作硬化后会降低材料的塑性，可后续进行退火处理来避免。

6.5.4　其他材料拉伸时的力学性能

1. 其他塑性材料

其他塑性材料的拉伸试验与低碳钢拉伸试验方法相同，但材料所显示出来的力学性能却有很大差异。图 6-20 给出了锰钢、硬铝、低碳钢、退火球墨铸铁和青铜的 R-e 曲线，与低碳钢相比，它们都有线弹性阶段（青铜的线弹性阶段稍短），有些材料有明显的屈服阶段，有些没有。对于这些没有明显屈服阶段的材料，因无法求得其真实的屈服强度 R_e，根据国家标准（GB/T 228.1-2021）的规定，可以将试样产生的规定的塑性延伸率 e_p 为 0.2% 时所对应的**规定塑性延伸强度** $R_{p0.2}$ 作为这些材料的规定塑性强度指标，如图 6-21 所示。

🔲 微课
其他材料拉伸或压缩时的力学性能

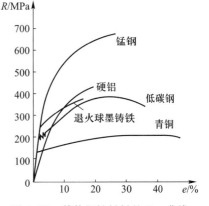

图 6-20　其他塑性材料的 R-e 曲线

2. 脆性材料

对于脆性材料，如灰口铸铁，从图 6-22 所示

的 $R\text{-}e$ 曲线可以看出，从开始受拉到断裂，有如下几个显著的力学特性：

（1） $R\text{-}e$ 曲线无明显的直线部分，既无屈服阶段，也无颈缩现象。

（2）只能测出抗拉强度 R_m，因此抗拉强度 R_m 是衡量脆性材料强度的唯一指标。

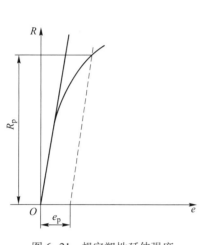

图 6-21   规定塑性延伸强度

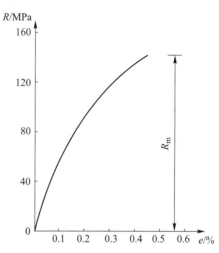

图 6-22   灰口铸铁的 $R\text{-}e$ 曲线

6.5.5   材料压缩时的力学性能

1. 低碳钢

低碳钢压缩时的 $R_c\text{-}e$ 曲线如图 6-23a 中的实线所示，图中虚线是用于对照的低碳钢拉伸时的 $R\text{-}e$ 曲线。可以看出，在弹性阶段和屈服阶段两曲线基本重合，这表明：低碳钢在压缩时的杨氏模量 E 和屈服强度 R_e 都与拉伸时基本相同。

进入强化阶段后，两曲线分离，压缩曲线上升，这说明低碳钢的塑性良好，随着压力的增加，试样的横截面面积不断增大，最后被压成饼状体而不发生破裂，如图 6-23b 所示。所以，低碳钢的抗压强度无法测定，通常也不做低碳钢的压缩试验，而仅从拉伸试验中取得压缩时的主要力学性能。

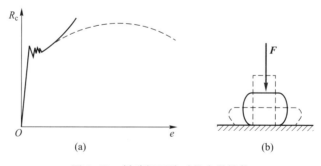

图 6-23   低碳钢压缩时的力学性能

2. 脆性材料

脆性材料拉伸和压缩时的力学性能有着显著的不同。灰口铸铁压缩时的 $R_c\text{-}e$ 曲线如图 6-24 中的实线所示，图中虚线是用于对照的灰口铸铁拉伸时的 $R\text{-}e$ 曲线。可以看出，

灰口铸铁压缩时的 R_c-e 曲线也没有直线部分，因此压缩时也只是近似地符合胡克定律。
铸铁压缩时的抗压强度比拉伸时的抗拉强度高出 $4\sim5$
倍。对于其他脆性材料，如硅石、水泥等，其抗压强
度 R_c 也显著高于抗拉强度 R_m。

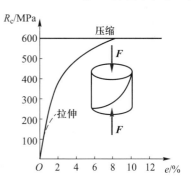

脆性材料塑性差、抗拉强度低，而抗压强度高、
价格低廉。对于脆性材料，其压缩试验比拉伸试验更
为重要。

综上所述，塑性材料和脆性材料在常温和静载下
的力学性能有很大区别。塑性材料的抗拉强度比脆性
材料的抗拉强度高，故塑性材料一般用于制作承拉构

图 6-24 灰口铸铁压缩时的力学性能

件；脆性材料的抗压强度高于抗拉强度，一般用于制
作承压构件。另外，塑性材料能产生较大的塑性变形，而脆性材料的变形较小，因此当受
力较大时，塑性材料因变形大而不易破坏，但脆性材料因变形小而易断裂。必须指出：材
料的塑性或脆性，实际上与工作温度、变形速度、受力状态等因素有关。例如，低碳钢在
常温下表现为塑性，但在低温下表现为脆性；石料通常被认为是脆性材料，但在各向受压
的情况下，却表现出很好的塑性。

常用材料的力学性能指标见表 6-2。

表 6-2 常用材料的力学性能指标

材 料 名 称	牌 号	R_c/MPa	R_m/MPa	A/%
普通碳素钢	Q215 Q235	$186\sim216$ $216\sim235$	$333\sim412$ $373\sim461$	31 $25\sim27$
优质碳素结构钢	15 40 45	226 333 333	373 569 598	27 19 16
普通低合金结构钢	12Mn 16Mn 15MnV	$274\sim294$ $274\sim343$ $333\sim412$	$432\sim441$ $471\sim510$ $490\sim549$	$19\sim21$ $19\sim21$ $17\sim19$
合金结构钢	20Cr 40Cr 50Mn2	539 785 785	834 981 932	10 9 9
碳素铸钢	ZG15 ZG35	196 275	392 490	25 16
可锻铸铁	KTZ450-5	275 539	441 686	5 2
球墨铸铁	KTZ700-2	294 324 412	392 441 588	10 5 2
灰口铸铁	HT150	—	$98.1\sim274$ （R_c637）	—
	HT300		$255\sim294$ （R_c1088）	

课件 6.6

6.6 轴向拉伸与压缩时的强度计算

6.6.1 极限应力、许用应力和安全因数

微课

轴向拉伸与压缩时的强度计算

由试验和工程实践可知：当构件的应力达到材料的屈服强度或抗拉强度时，将产生较大的塑性变形或引起断裂。为使构件能正常工作，工程中把材料产生塑性变形或断裂时的应力统称为材料的**极限应力**，用 R^0 表示。

对于塑性材料，由于它一经屈服就会产生塑性变形，构件也无法恢复其原有的形状和尺寸，因此一般取它的屈服强度作为极限应力，即 $R^0 = R_e$。对于脆性材料，由于没有屈服阶段，在变形较小时就发生断裂破坏，因此只能取它的抗拉强度作为极限应力，即 $R^0 = R_m$。

显然，以极限应力 R^0 作为工程设计中构件承受应力的上限是危险的。考虑到构件的加工方法、加工质量、材质的均匀程度和工作条件等因素，为保证构件安全可靠地工作，它的工程应力应小于材料的极限应力，并使构件留有适当的强度储备或安全储备，一般把极限应力除以大于 1 的因数 n，作为设计中承受工程应力的最大允许值，称为**许用应力**，用 $[R]$ 表示，其值为：

$$[R] = \frac{R^0}{n} \tag{6-15}$$

式（6-15）中，n 为大于 1 的正数，称为**安全因数**。

选取安全因数时，构件的安全与经济因素均要考虑。过大的安全因数会浪费材料，过小的安全因数则会留下安全隐患。正确选取安全因数是一个非常重要的问题，一般应考虑以下几点因素：

（1）材料的不均匀性；

（2）载荷估算的近似性；

（3）计算理论及公式的近似性；

（4）构件的工作条件、使用年限等差异。

各种不同工程条件下构件安全因数 n 的选取，可从有关工程手册中查取。一般对于塑性材料，取 $n = 1.3 \sim 2.0$；对于脆性材料，取 $n = 2.0 \sim 3.5$。

对于塑性材料构件，其许用拉（压）应力相同，可不作区分，统一用 $[R]$ 表示；对于脆性材料构件，则应分别根据其拉伸和压缩试验测定的 R_m 和 R_c，来确定其许用拉应力 $[R_t]$ 和许用压应力 $[R_c]$。

几种常用材料的许用应力值见表 6-3。

表 6-3　几种常用材料的许用应力值

材　　料	许用应力 $[R]$/MPa	
	许用拉应力	许用压应力
普通碳素钢（Q215）	137~152	137~152
普通碳素钢（Q235）	152~167	152~167

续表

材　　料	许用应力 $[R]$/MPa	
	许用拉应力	许用压应力
优质碳素钢（45 钢）	216~238	216~238
铜	30~120	30~120
铝	29~78	29~78
灰铸铁	$[R_t]=31~78$	$[R_c]=120~150$
混凝土	$[R_t]=0.098~0.69$	$[R_c]=0.98~8.8$
松木（顺纹）	6.9~9.8	9.8~11.7

6.6.2　拉（压）构件的强度条件及计算

工程实际中，为了保证拉（压）构件能安全、正常地工作，应使构件内的最大工程应力不大于材料的许用拉（压）应力，即拉（压）构件的强度条件为：

$$R_{max}=\frac{F_{Nmax}}{S}\leqslant[R] \tag{6-16}$$

式（6-16）中，F_{Nmax} 和 S 分别为危险截面上的轴力和横截面面积，该式也称为拉（压）构件的强度条件。注意：**脆性材料的许用拉应力与许用压应力不相等**。因此在使用强度条件时，应根据构件材料的类型，来判断是许用拉应力还是许用压应力。

在工程应用中，根据强度条件，可解决下列三种强度计算问题。

1. 强度校核

若已知构件尺寸、承受的载荷及材料的许用应力，由式（6-16）验算构件是否满足强度条件，即：

$$\frac{F_N}{S}\leqslant[R]$$

2. 选择或设计横截面尺寸

若已知构件承受的载荷及材料的许用应力，由式（6-16）可确定构件必须达到的横截面面积 S，即：

$$S\geqslant\frac{F_N}{[R]}$$

3. 确定承载能力

若已知构件的横截面尺寸和许用应力，由式（6-16）可确定构件所能承受的最大轴力。对于等截面直杆，轴力的最大值 F_{Nmax} 为：

$$F_{Nmax}\leqslant S\cdot[R]$$

然后再由轴力的最大值 F_{Nmax} 来确定构件的许可载荷。

值得注意的是：对受压杆件进行强度计算时，式（6-16）仅适用于粗而短的直杆，对于细长的受压杆件，应进行压杆稳定性计算，将在单元 11 中进行讲述。

【例 6-6】 如图 6-25a 所示，刚性梁 ACB 与圆杆 CD 在 C 处悬挂联接，B 端作用有集

中载荷 $F = 15\,\text{kN}$。已知 CD 杆的直径 $d = 15\,\text{mm}$，许用应力 $[R] = 150\,\text{MPa}$。

（1）试校核 CD 杆的强度；

（2）试求许可载荷 $[F]$；

（3）若 $F = 24\,\text{kN}$，试设计 CD 杆的直径 d。

解：（1）校核 CD 杆的强度：

作 AB 杆的受力分析图如图 6-25b 所示。

由平衡条件 $\sum M_A = 0$ 得：

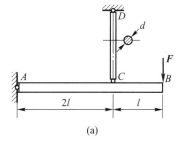

$$2F_{CD} \cdot l - 3F \cdot l = 0, \quad F_{CD} = \frac{3}{2}F$$

求 CD 杆的应力，杆上的轴力 $F_N = F_{CD}$，有：

$$R_{CD} = \frac{F_{CD}}{S_{CD}} = \frac{6F}{\pi d^2} = \frac{6 \times (15 \times 10^3)}{\pi \times 15^2}\,\text{MPa} \approx 127.32\,\text{MPa} < [R]$$

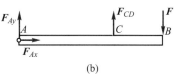

所以 CD 杆是安全的。

（2）计算许可载荷 $[F]$：

由
$$R_{CD} = \frac{F_{CD}}{S_{CD}} = \frac{6F}{\pi d^2} \leqslant [R]$$

图 6-25 【例 6-6】附图

得到：
$$F \leqslant \frac{\pi d^2 [R]}{6} = \frac{\pi \times 15^2 \times 150}{6}\,\text{N} \approx 17.67 \times 10^3\,\text{N} = 17.67\,\text{kN}$$

所以许可载荷为 $[F] = 17.67\,\text{kN}$

（3）若 $F = 24\,\text{kN}$，计算 CD 杆的直径 d：

由
$$R_{CD} = \frac{F_{CD}}{S_{CD}} = \frac{6F}{\pi d^2} \leqslant [R]$$

得到：
$$d \geqslant \sqrt{\frac{6F}{\pi [R]}} = \sqrt{\frac{6 \times 24 \times 1000}{\pi \times 150}}\,\text{mm} \approx 17.48\,\text{mm}$$

取：
$$d = 20\,\text{mm}$$

【例 6-7】 如图 6-26a 所示为简易的起重装置，AB 为圆截面钢杆，直径 $d = 25\,\text{mm}$；BC 为矩形截面木杆，尺寸 $b \times h = 50\,\text{mm} \times 70\,\text{mm}$。已知钢的许用应力 $[R]_\text{钢} = 170\,\text{MPa}$，木材的许用应力 $[R]_\text{木} = 10\,\text{MPa}$。求该装置的许可载荷 $[F]$。

解：（1）计算 AB 和 BC 两杆的轴力：

用截面法取 B 点为研究对象进行受力分析，画出受力分析图如图 6-26b 所示。

列出平衡方程：

$$\sum F_x = 0, \quad -F_{NAB} - F_{NBC}\cos 30° = 0$$

$$\sum F_y = 0, \quad -F_{NBC}\sin 30° - F = 0$$

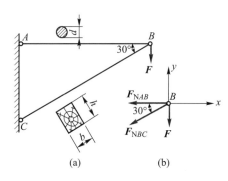

可解出：$F_{NAB} = \sqrt{3}F$，$F_{NBC} = -2F$（受压）

（2）根据强度条件，计算 AB、BC 杆所能承受的许可载荷：

图 6-26 【例 6-7】附图

对于 AB 杆：$F_{NAB} \leqslant [R]_{钢} \cdot S_{AB}$，$\sqrt{3}F \leqslant 170 \times \dfrac{\pi \times 25^2}{4} \mathrm{N} \approx 83.45 \times 10^3 \mathrm{N} = 83.45 \mathrm{kN}$

得：
$$F \leqslant \frac{83.45}{\sqrt{3}} \mathrm{kN} \approx 48.18 \mathrm{kN}$$

对于 BC 杆：　$F_{NBC} \leqslant [R]_{木} \cdot S_{BC}$，$2F \leqslant 10 \times 50 \times 70 \mathrm{N} = 35 \times 10^3 \mathrm{N} = 35 \mathrm{kN}$

得：
$$F \leqslant \frac{35}{2} \mathrm{kN} = 17.5 \mathrm{kN}$$

（3）计算该装置的许用载荷：

上面分别计算了 AB、BC 两杆在满足各自强度条件下所能承受的许可载荷 F，整个装置要能正常使用，应保证其所有构件的强度足够，所以整个装置的许可载荷应取两杆的许可载荷中的较小者，即该装置的许可载荷 $[F]$ 为 17.5 kN。

 拓展知识　应力集中与圣维南原理

在进行轴向拉伸与压缩的强度计算时，上述分析均是以应力沿截面均匀分布为前提进行的。实际上，应用式（6-2）来计算拉（压）杆件的应力是有前提条件的，只有对于直杆、横截面尺寸无突变，且距离外力作用点较远的截面，才可应用该公式。该公式是以直杆为研究对象推导出来的，对于其余两个限制条件，分别用以下两个概念予以解释。

1. 应力集中

工程实际中，由于结构或工艺性需要，常开有孔、槽或留有凸肩，表面进行切口或加工螺纹等，使横截面的形状或尺寸发生突变。研究表明：在构件的横截面尺寸发生突变处的局部范围内，应力值将急剧增大，而距突变区较远处又渐趋均匀。

如图 6-27a 所示，一个带小圆孔的受拉薄板受到轴向拉力 F 的作用，圆孔处截面 1—1 上的应力分布如图 6-27c 所示，其最大应力明显超过了该截面上的平均应力，而远离圆孔的截面 2—2 处的应力却降低许多，且分布较均匀，如图 6-27b 所示。这种由于截面尺寸的突变而导致局部应力增大的现象称为**应力集中**。

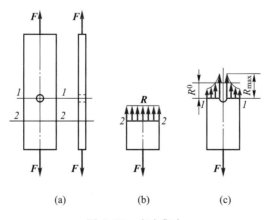

图 6-27　应力集中

应力集中的程度常用**应力集中因数 K** 表示，其定义为：

$$K = \frac{R_{max}}{R^0} \tag{6-17}$$

式（6-17）中，R_{max} 为**局部最大应力**；R^0 为**极限应力**（名义极限应力），名义极限应力是在不考虑应力集中的条件下求得的。

确定应力集中因数 K 是非常困难的，一般需要通过试验并结合弹性理论进行分析，典型的应力集中因数可从有关工程手册中查得。

在静载荷作用下，应力集中对塑性材料和脆性材料产生的影响是不同的。如图 6-28a 所示的带小圆孔的受拉薄板，拉伸时，在小圆孔的边缘将产生应力集中。由于塑性材料具有明显的屈服阶段，当小圆孔边缘的应力达到材料的屈服强度 R_e 时，薄板在此局部会产生塑性变形，该处的变形可以继续增大，而应力数值不再增加。若载荷继续加大，尚未屈服区域的应力将会随之增加而相继达到 R_e，由于塑性材料的屈服阶段较长，这种情况是可以实现的，如图 6-28b 所示，直至整个截面上的应力都达到 R_e 时，应力分布趋于均匀，如图 6-28c 所示。

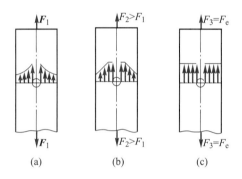

图 6-28　塑性材料的应力集中现象

对于脆性材料，由于没有屈服阶段，当应力集中处的最大应力 R_{max} 达到材料的抗拉强度 R_m 时，构件就会突然断裂。因此，脆性材料对应力集中敏感，必须考虑应力集中的影响。为了避免和减小应力集中对构件的不利影响，可采取以下几种措施：

（1）注意截面的处理，尽量避免构件的截面尺寸发生突变。如不能避免，应使截面尺寸的变化尽可能小，如采用圆角过渡等。

（2）构件的轮廓尽可能平缓光滑。

（3）当构件上必须开有孔槽时，应尽量将孔槽置于低应力区内。

对于常用的铸铁构件，由于其内部组织极不均匀，到处都有应力集中，相比之下，由于构件截面突变引起的应力集中就显得微不足道了。因此，**在静载荷作用下，铸铁构件的强度计算可不考虑应力集中的因素。**

2. 圣维南原理

圣维南原理： 载荷作用于杆端方式的不同，不会影响距离杆端较远处的应力分布。杆端局部范围内的应力分布会受到影响，影响区的轴向范围大约是杆件横向尺寸的 1~2 倍。

此原理已被大量试验与计算所证实，如图 6-29a 所示，承受集中力 F 作用的杆，其

横截面宽度为 δ，高度为 h，且 $\delta<h$，在 $x=h/4$ 与 $h/2$ 的横截面 1—1 与 2—2 上，应力是非均匀分布的，如图 6-29b 所示，但在 $x=h$ 的横截面 3—3 上，应力则已趋向均匀，如图 6-29c 所示。因此，只要载荷合力的作用线沿杆件轴线，在距集中载荷作用点稍远处，横截面上的应力分布均可视为均匀分布，就可按式（6-2）来计算横截面上的应力。

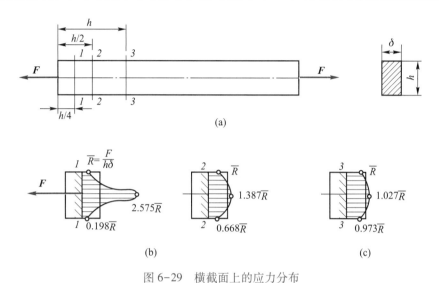

图 6-29　横截面上的应力分布

6.7　轴向拉伸与压缩时简单超静定问题的分析与计算

在上述讨论中，约束力和轴力均可通过静力学的平衡方程确定，因此这些问题均为**静定问题**，相应的结构称为**静定结构**。在工程实际中，有时由于构造上的需要，会存在**超静定问题**，相应的结构称为超静定结构，其中未知量的个数与独立的平衡方程数之差称为**超静定次数**。

如图 6-30a 所示的桁架为一静定结构，为了减少杆 1 和杆 2 的内力或节点 A 的位移，增加杆 3，则构成超静定结构，如图 6-30b 所示。此时，有三个未知的内力 F_{N1}、F_{N2} 和 F_{N3}，但该桁架构成的平面汇交力系只能列出两个独立的平衡方程，因此为一次超静定问题。

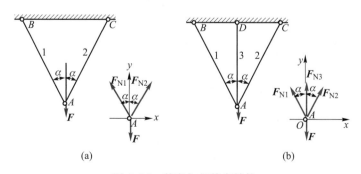

图 6-30　静定与超静定结构

解决轴向拉伸（或压缩）时杆件的超静定问题，必须要从静力学平衡条件、几何条件和物理关系三个方面入手，可按照以下步骤进行：

（1）根据静力学条件，列出平衡方程；

（2）根据变形条件，列出几何相容方程；

（3）根据胡克定律，列出相关方程；

（4）根据其他条件，列出补充方程；

（5）联立求解。

【例6-8】不计自重的等截面直杆，两端受固定端约束，其计算简图如图6-31所示，已知 $L_{AC} = L_{CD} = L_{DB} = a$，试求 A、B 两端的约束力。

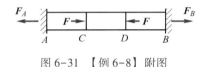

图6-31   【例6-8】附图

解：（1）根据静力学条件，列出平衡方程：

$$\sum F_x = 0, \quad F_A = F_B$$

（2）根据变形条件，列出几何相容方程：

$$\Delta L_{AB} = \Delta L_{AC} + \Delta L_{CD} + \Delta L_{DB} = 0$$

（3）根据胡克定律，列出相关方程：

$$\Delta L_{AC} = \frac{F_{NAC} \cdot L_{AC}}{E \cdot S} = \frac{F_A \cdot a}{E \cdot S}$$

$$\Delta L_{CD} = \frac{F_{NCD} \cdot L_{CD}}{E \cdot S} = \frac{(F_A - F) \cdot a}{E \cdot S}$$

$$\Delta L_{DB} = \frac{F_{NDB} \cdot L_{DB}}{E \cdot S} = \frac{F_B \cdot a}{E \cdot S}$$

所以，

$$2F_A - F + F_B = 0$$

联立求解得到：

$$F_A = F_B = \frac{1}{3}F$$

习题与思考

6-1   相同材料、相同截面形状、不同横截面面积的两根杆件受到相同的不断增加的外力作用，如图6-32所示，试问哪根杆件先被破坏，为什么？

图6-32   习题与思考6-1附图

6-2   三种材料的 R-e 曲线如图6-33所示，试指出这三种材料的力学性能特点。

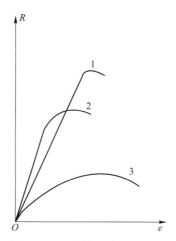

图 6-33　习题与思考 6-2 附图

6-3　判断题：

（1）轴力图可显示出杆件各段横截面上轴力的大小，但不能反映杆件各段变形是伸长还是缩短。　　　　　　　　　　　　　　　　　　　　　　　　　　　　　　（　　）

（2）轴向拉伸或压缩杆件的轴向线应变和横向线应变符号一定相反。　　（　　）

（3）一钢杆和一铝杆若在拉伸时产生相同的线应变，则两杆横截面上的正应力相等。

　　　　　　　　　　　　　　　　　　　　　　　　　　　　　　　　　　　（　　）

（4）进行低碳钢拉伸试验时，所谓屈服就是指应变有非常明显的增加，而应力先下降，然后在很小的范围内波动的现象。　　　　　　　　　　　　　　　　　　（　　）

（5）工程上某些受力的构件，如钢筋、链条及钢绳等，常常是通过一定的塑性变形或通过加工硬化来提高其承载能力的。　　　　　　　　　　　　　　　　　　（　　）

（6）一个阶梯直杆各段的轴力不同，但其最大轴力所在的横截面一定是危险点所在的横截面。　　　　　　　　　　　　　　　　　　　　　　　　　　　　　　　（　　）

6-4　填空题：

（1）轴向拉伸或压缩时的内力称为_____。

（2）轴向拉伸或压缩杆件的轴力垂直于杆件横截面，并通过横截面_____。

（3）胡克定律的应力适用范围若更精确地讲就是应力不超过材料的_____极限。

（4）低碳钢的拉伸曲线分为四个阶段：弹性变形阶段、_____阶段、强化阶段和缩颈阶段。

（5）金属拉伸试样在屈服时会表现出明显的_____变形，如果金属零件有了这种变形就必然会影响机器正常工作。

（6）铸铁试样压缩时，其破坏断面的法线与轴线大致成_____的倾角。

6-5　试求图 6-34 所示杆件横截面 *1—1* 和 *2—2* 上的轴力，并作轴力图。

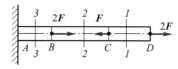

图 6-34　习题与思考 6-5 附图

6-6   图 6-35 所示为一正方形截面的阶梯砖柱，柱顶受轴向压力 F 作用。上段柱重为 W_1，下段柱重为 W_2。已知 $F = 15\,kN$，$W_1 = 2.5\,kN$，$W_2 = 10\,kN$。求上、下段柱的底横截面 1—1 和 2—2 上的应力。

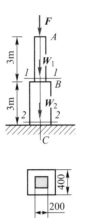

图 6-35   习题与思考 6-6 附图

6-7   一根直径 $d = 16\,mm$，长 $l = 3m$ 的圆截面杆，承受轴向拉力 $F = 30\,kN$，其伸长 $\Delta l = 2.2\,mm$。试计算该杆材料的杨氏模量 E 及此时横截面上承受的正应力。

6-8   求图 6-36 所示阶梯直杆各横截面上的应力，并求杆的总伸长。材料的杨氏模量 $E = 200\,GPa$。横截面面积 $S_1 = 200\,mm^2$，$S_2 = 300\,mm^2$，$S_3 = 400\,mm^2$。

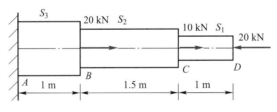

图 6-36   习题与思考 6-8 附图

6-9   如图 6-37 所示的桁架由圆截面杆 1 与杆 2 组成，并在节点 A 承受载荷 $F = 80\,kN$ 的作用。杆 1、杆 2 的直径分别为 $d_1 = 30\,mm$ 和 $d_2 = 20\,mm$，两杆的材料相同，屈服强度 $R_e = 320\,MPa$，安全因数 $n = 2.0$。试校核桁架的强度。

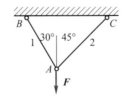

图 6-37   习题与思考 6-9 附图

6-10   图 6-38 所示等截面均质刚性梁 CD 长为 $(L+2b)$，由两根绳索悬挂于 A、B 两点，已知两根绳索的横截面面积 S 相同，绳索长 $l_1 = 2l_2 = 2a$，材料弹性模量分别为 E_1 和

E_2，而且 $E_1 = 3E_2$，在刚性梁上距绳索 1 的悬挂点 A 为 x 处作用一集中力 $\boldsymbol{F}$，为使刚性梁受力后保持水平位置，则应使力 $\boldsymbol{F}$ 的作用点位置 $x =$ _____。（选自第五届江苏省大学生力学竞赛）

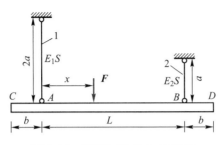

图 6-38　习题与思考 6-10 附图

单元 7

剪切与挤压

　　学习目标：了解剪切与挤压时的受力及变形特点，理解剪力、挤压力，以及剪切面上的切应力和挤压面上的挤压应力，能够正确进行剪切与挤压时构件的强度计算。

　　单元概述：剪切与挤压时的内力和应力等基本概念、相互关系及分析与计算。本单元的重点包括剪力与挤压力分析、剪切面上的切应力和挤压面上的挤压应力的计算等；难点是剪切面与挤压面的分析与计算、剪切胡克定律与切应力互等定理等。

7.1　剪切与挤压的概念

🔗 课件 7.1

🔗 动画
剪切与剪切面

　　工程实际中，零件或构件之间通常采用铆钉、销钉、键或螺栓联接，起联接作用的部件称为联接件。如图 7-1a 所示，当钢板受到外力 F 作用时，力由两块钢板传递到铆钉与钢板的接触面上，在铆钉上受到大小相等、方向相反的两组合力为 F 的分布力的作用，如图 7-1b 所示，使铆钉上下两部分沿中间截面 m—m 发生相对错动的变形，如图 7-1c 所示。

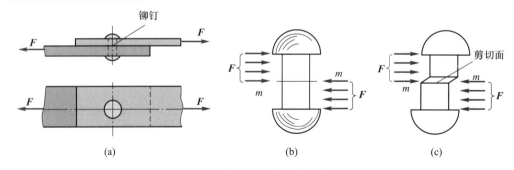

(a)	(b)	(c)

图 7-1　铆钉联接中的剪切作用

　　由此可见，剪切变形的受力特点是：作用在杆件两侧面上且与轴线垂直的外力的合力大小相等、方向相反，作用线相距很近。其变形为：杆件两部分沿中间截面 m—m 在作用力的方向上发生相对错动。杆件的这种变形称为**剪切**，杆件所沿发生相对错动的中间截面 *m*—*m* 称为**剪切面**。

构件在受到剪切作用的同时，往往还受到挤压的作用，但两种变形发生的位置不同。如图 7-1a 所示，上钢板孔壁的左侧与铆钉上部的左侧、下钢板孔壁的右侧与铆钉下部的右侧相互压紧，这种接触面上相互压紧、产生局部压陷变形，甚至压溃破坏的现象，称为**挤压**，构件上受到挤压作用的表面称为**挤压面**。

7.2　剪切与挤压时的内力分析

如图 7-2a 所示，螺栓在一对相距很近的力 **F** 作用下，可能会沿剪切面 *m*—*m* 发生剪切破坏。为了分析确定剪切面 *m*—*m* 上的内力，可采用截面法将被剪切件分成两部分，任取其一为研究对象，如图 7-2b 所示。由于平衡，剪切面上的内力必然与剪切面上分布外力的合力 **F** 大小相等、方向相反，且作用于剪切面。这种与截面相切的内力称为**剪力**，用 F_S 表示，由平衡条件 $\sum F_x = 0$，$F - F_S = 0$ 可得：

$$F_S = F \tag{7-1}$$

图 7-2　螺栓联接中的剪力与挤压力

与此同时，如图 7-2c 所示，螺栓的侧面受到被联接件的挤压作用而产生的压力称为**挤压力**，用 F_{bs} 表示，且：

$$F_{bs} = F \tag{7-2}$$

只有一个剪切面的剪切称为**单剪切**，若有两个剪切面则称为**双剪切**（如图 7-3 所示吊钩联接中的销钉），根据截面法，求得其双剪切面上的剪力为：

$$F_S = \frac{F}{2} \tag{7-3}$$

【例 7-1】 如图 7-4 所示，已知轴径 $d = 56\,\text{mm}$，键的尺寸为 $l \times b \times h = 80\,\text{mm} \times 16\,\text{mm} \times 10\,\text{mm}$，轴的扭矩 $M = 1\,\text{kN} \cdot \text{m}$，求键在工作时（剪切变形状态）承受的内力（剪力）。

解：（1）由平衡方程得出键的受力为：

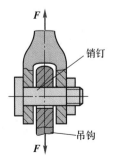

图 7-3　吊钩联接中的双剪切作用

$$\sum M_O = 0, \quad F = \frac{2M}{d} = \frac{2 \times 1 \times 10^3}{0.056} \text{N} \approx 35.71 \times 10^3 \text{N} = 35.71 \text{kN}$$

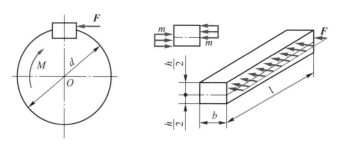

图7-4 【例7-1】附图

（2）由右图可知，键可能沿横截面 m—m 被剪断，其剪力为：

$$F_S = F = 35.71 \text{kN}$$

7.3 剪切与挤压时的应力分析及计算

课件7.3

微课
剪切和挤压时的
应力分析

如图7-5所示，在工程实际中，零件或构件之间除了采用铆钉、销钉、键或螺栓联接外，有时也会不使用联接件联接，如榫接、焊接和胶接等。此时，构件往往发生的是剪切和挤压变形，而联接对于整体结构的牢固和安全起着十分重要的作用，因此需要对其进行应力分析和计算。

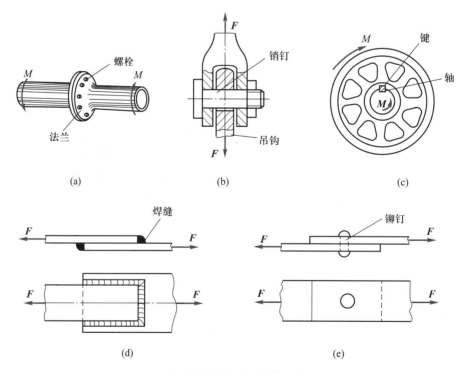

图7-5 联接的各种形式

以联接两块钢板的螺栓联接为例，研究联接的受力特点及可能发生的各种破坏现象。如图 7-6a 所示，当钢板受到拉力 **F** 的作用时，由两块钢板传到螺栓上的力有两组。这两组力的合力大小均为 F，作用方向相反且与螺栓的轴线垂直。在 **F** 的作用下，螺栓主要在横截面 m—m 处发生剪切变形。由于作用线相距很近，所以弯曲变形可略去不计。若 **F** 力过大或螺栓直径偏小，则螺栓可能沿横截面 m—m 被剪断而发生剪切破坏，如图 7-6b 所示。在剪切面 m—m 上分布剪力的集度称为**切应力**，用 τ 表示。

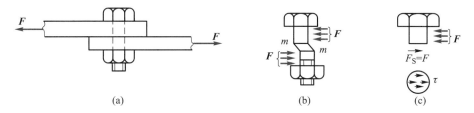

图 7-6   螺栓联接时的应力分析

螺栓除可能发生剪切破坏外，还可能因局部受挤压而破坏。螺栓和钢板孔壁的挤压面为一半圆柱面，如图 7-6c 所示。此时，两部分接触面上的压力为挤压力 F_{bs}，这里显然 $F_{bs}=F$，相应的应力为正应力（挤压应力）R_{bs}。

此外，对于图 7-6a 所示的螺栓联接来说，除了可能发生上述提到的螺栓沿横截面 m—m 的剪切破坏及螺栓侧面或钢板孔壁的挤压破坏以外，由于螺栓孔对截面的削弱，还可能发生钢板沿螺栓孔处截面被拉断的破坏情况。

像螺栓、铆钉这样的联接件，一般多为粗短杆，由于剪切和挤压破坏面大多发生在外力作用区域附近，因此变形非常复杂，要用精确的理论方法分析其应力分布是非常困难的。另外，受力情况还受到制造和装配等因素的影响，因此在工程实际中，通常是采用一种经过简化但切合实际的计算方法，即实用计算法来分析其强度的。为了防止联接件在受力后可能发生的各种破坏，在设计联接件时，必须对其相关部分根据受力分析分别进行强度校核。

7.3.1   剪切的实用计算法

当联接件受到剪切作用时，其实用计算的基本假设为：切应力在剪切面上是均匀分布的，其实质是剪切面上的平均应力，称为**名义切应力**，即：

$$\tau = \frac{F_s}{S_s} \tag{7-4}$$

式（7-4）中，τ 为**切应力**（名义切应力），单位为 MPa；F_s 为剪切面上的**剪力**，单位为 N；S_s 为**剪切面面积**，单位为 mm^2。

材料的**极限切应力** τ^0 是根据名义切应力概念，用试验的方法得到的。将此极限切应力除以适当的**安全因数** n，即可得到材料的**许用切应力** $[\tau]$ 为：

$$[\tau] = \frac{\tau^0}{n} \tag{7-5}$$

式（7-5）中，$[\tau]$ 为材料的许用切应力，其数值可从相关手册中查得。试验表明：

金属材料的许用切应力 $[\tau]$ 与许用正应力 $[R]$ 之间大致有如下关系：

（1）塑性材料：$[\tau]=(0.6\sim0.8)[R]$；

（2）脆性材料：$[\tau]=(0.8\sim1.0)[R]$。

为保证联接件具有足够的抗剪强度，要求在其工作时，承受的切应力不超过材料的许用切应力。因此，受剪构件的强度条件可以表示为：

$$\tau_{max}=\frac{F_S}{S_S}\leqslant[\tau] \tag{7-6}$$

根据式（7-6），同样可以进行三类计算：剪切强度校核、设计横截面尺寸和确定许可载荷。

对于剪切问题，工程上除了利用式（7-6）进行强度校核，以确保构件正常工作外，有时还会遇到相反的问题，即利用**剪切破坏**。如车床传动轴的保险销，当载荷超过极限值时，保险销首先被剪断，从而保护车床的重要部件。如冲床冲剪工件，也是利用剪切破坏来达到加工目的的。剪切破坏的条件为：

$$F_{Qb}\geqslant\tau^0 S_S \tag{7-7}$$

式（7-7）中，F_{Qb} 为剪切破坏时剪切面上的剪力；τ^0 为材料的极限切应力（剪切强度极限）；S_S 为剪切面面积。

【例 7-2】 如图 7-7 所示，已知钢板厚度 $t=8\,mm$，其剪切强度极限 $\tau^0=300\,MPa$。若需要使用冲床将钢板冲出直径 $d=20\,mm$ 的孔，试求需要在冲头上施加多大的冲剪力 F_{Qb}。

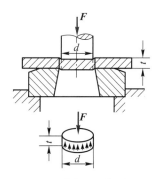

解：（1）由题意知，剪切面为圆柱面，其面积为：

$$S_S=\pi dt=3.14\times20\,mm\times8\,mm=502.4\,mm^2$$

（2）冲孔所需要的冲剪力就是钢板破坏时剪切面上的剪力，由式（7-7）可得：

$$F_{Qb}\geqslant\tau^0 S_S=300\,MPa\times502.4\,mm^2=150.72\times10^3\,N=150.72\,kN$$

即冲头需要的最小冲剪力 F_{Qb} 为 150.72 kN。

图 7-7 【例 7-2】附图

7.3.2　挤压的实用计算法

挤压与压缩是不同的概念，如单元 6 所述，压缩变形是指杆件的整体变形，在其任意横截面上，应力是均匀分布的；而挤压时，挤压应力只发生在构件接触的表面，一般并不均匀分布。与切应力在剪切面上的分布类似，挤压面上挤压应力的分布也较复杂。因此，当联接件受到挤压作用时，其实用计算的基本假设为：挤压应力 R_{bs} 在挤压面 S_{bs} 上是均匀分布的，所以挤压应力为：

$$R_{bs}=\frac{F_{bs}}{S_{bs}} \tag{7-8}$$

式（7-8）中，R_{bs} 为挤压应力，单位为 MPa；F_{bs} 为挤压面上的挤压力，单位为 N；S_{bs} 为挤压面的计算面积，单位为 mm^2。

此时，计算面积 S_{bs} 需要根据挤压面的实际形状来确定，若实际的挤压面是一个平面，则计算面积 S_{bs} 就等于实际挤压面的面积；但对于螺栓、销钉和铆钉这类联接件，其实际挤压面是半个圆柱面，如图 7-8a、b 所示，其上挤压应力的分布情况比较复杂，如图 7-8c 所示。在实用计算中，是以实际挤压面的正投影面积（或称直径面积）作为计算面积 S_{bs} 的，如图 7-8d 所示，即：

$$S_{bs} = t \cdot d \tag{7-9}$$

式（7-9）中，t 为钢板的厚度；d 为螺栓、销钉和铆钉的直径。

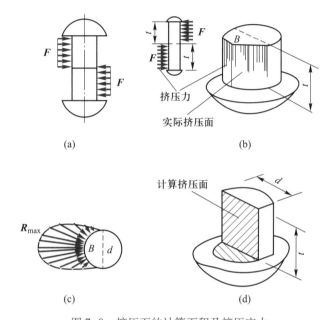

图 7-8 挤压面的计算面积及挤压应力

确定许用挤压应力时，也是首先按照联接件的实际工作情况，由试验测定使其挤压面被压溃时的极限载荷，然后按式（7-8）计算出极限挤压应力，再除以适当的安全因数，即可得到材料的许用挤压应力 $[R_{bs}]$。由此，可建立联接件的挤压强度条件为：

$$R_{bs} = \frac{F_{bs}}{S_{bs}} \leqslant [R_{bs}] \tag{7-10}$$

各种常用工程材料的许用挤压应力 $[R_{bs}]$ 可由有关规范和手册查得，对于钢制联接件，其许用挤压应力 $[R_{bs}]$ 与其许用正应力 $[R]$ 之间大致有如下关系：

（1）塑性材料：$[R_{bs}] = (1.7 \sim 2.0)[R]$；

（2）脆性材料：$[R_{bs}] = (0.9 \sim 1.5)[R]$。

应当注意：挤压应力是在联接件和被联接件之间的相互作用。若二者材料不同，则应对其中许用挤压应力较低的材料进行挤压强度的校核。

【例 7-3】矩形截面拉杆的榫接结构如图 7-9 所示，已知拉力 $F = 20$ kN，相关尺寸 $b = 200$ mm，$c = 150$ mm，$a = 30$ mm，拉杆材料的许用切应力 $[\tau] = 1$ MPa，许用挤压应力 $[R_{bs}] = 6$ MPa，请校核该结构的联接强度。

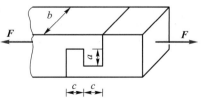

图 7-9 【例 7-3】附图

解：（1）榫接结构的内力分析，榫接联接处发生剪切变形和挤压变形，其中：

剪力：$F_S = F = 20$ kN；挤压力：$F_S = F = 20$ kN。

（2）剪切及挤压面的面积计算：

剪切面面积：$S_S = b \times c = 200$ mm $\times 150$ mm $= 3 \times 10^4$ mm^2

挤压面的计算面积：$S_{bs} = b \times a = 200$ mm $\times 30$ mm $= 6 \times 10^3$ mm^2

（3）强度校核：

切应力：$\tau = \dfrac{F_S}{S_S} = \dfrac{20 \times 10^3}{3 \times 10^4}$ MPa ≈ 0.67 MPa

挤压应力：$R_{bs} = \dfrac{F_{bs}}{S_{bs}} = \dfrac{20 \times 10^3}{6 \times 10^3}$ MPa ≈ 3.33 MPa

已知 $[\tau] = 1$ MPa，$[R_{bs}] = 6$ MPa，可得 $\tau < [\tau]$，$R_{bs} < [R_{bs}]$

所以，剪切和挤压均满足强度要求。

【例 7-4】 机车挂钩的销钉联接如图 7-10 所示，已知挂钩的厚度 $t = 8$ mm，销钉与钢板的材料相同，许用切应力 $[\tau] = 60$ MPa，许用挤压应力 $[R_{bs}] = 180$ MPa，机车的牵引力 $F = 18$ kN，试计算所需圆柱销的直径 d。

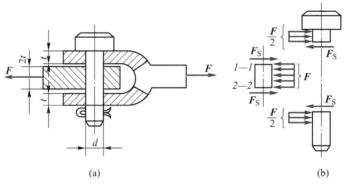

图 7-10 【例 7-4】附图

解：（1）销钉联接的受力分析如图 7-10b 所示，此时，销钉受双剪切，剪力与挤压力为

$$F_S = F_{bs} = \frac{F}{2} = 9 \text{ kN}$$

（2）剪力与挤压力的受力面积：

剪切面面积为：$S_S = \dfrac{1}{4} \pi d^2$

挤压面的计算面积为：$S_{bs} = d \cdot t$

（3）根据剪切强度条件计算圆柱销的直径 d：

$$\tau = \frac{F_S}{S_S} \leq [\tau], \quad d \geqslant \sqrt{\frac{4 \times F_S}{\pi [\tau]}} \approx 13.82 \text{ mm}$$

（4）根据挤压强度条件计算圆柱销的直径 d：

$$R_{bs} = \frac{F_{bs}}{S_{bs}} \leq [R_{bs}], \quad d \geq \frac{F_{bs}}{t[R_{bs}]} = 6.25 \text{ mm}$$

选 $d = 13.82$ mm，可同时满足剪切和挤压强度条件，考虑到机车启动和制动时冲击的影响及轴径系列标准，可取 $d = 15$ mm。

🔩 拓展知识　剪切胡克定律与切应力互等定理

发生剪切变形时，杆件内与外力平行的截面会产生相对错动。如图 7-11a 所示，在杆件受剪的部位取一个微小的正六面体。由于切应力作用，微元体棱角之间发生改变，正六面体变成斜六面体，如图 7-11b 所示。正六面体直角的改变量称为**切应变**，用 γ 表示，其单位是 rad（弧度）。试验表明：当切应力不超过材料的剪切比例极限 τ_p 时，切应力 τ 与切应变 γ 成正比关系，这就是**剪切胡克定律**，如图 7-11c 所示。剪切胡克定律的表达式为：

$$\tau = G \cdot \gamma \tag{7-11}$$

式（7-11）中，G 为剪切弹性模量，量纲与切应力相同，单位为 GPa，数值与材料的性质有关，钢的 G 值约为 80 GPa。

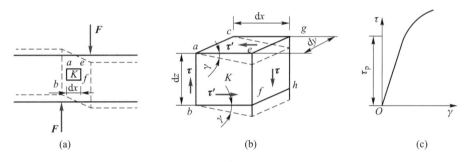

图 7-11　剪切胡克定律

在前面讨论轴向拉伸或压缩变形时，曾引入材料的两个弹性常数——杨氏模量 E 和泊松比 ν。现在又引进一个新的弹性常数——**剪切弹性模量** G。对各向同性材料，可以证明三个常数 E、ν 和 G 之间存在如下关系：

$$G = \frac{E}{2(1+\nu)} \tag{7-12}$$

由式（7-12）可知，各向同性材料的三个弹性常数只有两个是独立的。

如图 7-12 所示，正六面体在三个方向上的尺寸分别为 l、dx、dy。微元体左、右两侧面是剪切变形横截面的一部分，故在这两个侧面上只有切应力而无正应力。两个面上的切应力数值相等、方向相反，于是两个面上的剪力组成了一个力偶，其力偶矩为 $(\tau \cdot l \cdot dy)dx$。因为微元体是平衡的，由 $\sum M = 0$ 可知：它的上、下两个侧面上必然存在等值、反向的切应力 τ'，于是上、下两个侧面的剪力也组成力偶矩为 $(\tau' \cdot l \cdot dx)dy$ 的力偶，与上述力偶平衡。由微元体的平衡条件 $\sum M = 0$ 得：

$$(\tau \cdot l \cdot dy)dx = (\tau' \cdot l \cdot dx)dy$$
$$\tau = \tau' \tag{7-13}$$

式（7-13）表明：在相互垂直的两个平面上，切应力必然成对存在，且数值相等，两者都垂直于两平面的交线，其方向则共同指向或共同背离该交线，这就是**切应力互等定理**。

如图 7-12 所示的微元体，四个侧面上只有切应力而无正应力的情况称为纯剪切。

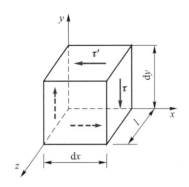

图 7-12　切应力互等定理

习题与思考

7-1　请问机械联接件在承受剪切作用时，其联接处的受力及变形特点是什么？

7-2　剪切时产生的挤压与压缩有何区别？

7-3　判断题：

（1）若在构件上作用有两个大小相等、方向相反、相互平行的外力，则此构件一定产生剪切变形。（　　）

（2）两钢板用螺栓联接后，在螺栓和钢板相互接触的侧面将发生局部承压现象，这种现象称为挤压。当挤压力过大时，可能会引起螺栓压扁或钢板孔缘压皱，从而导致联接松动而失效。（　　）

（3）由挤压应力的实用计算公式可知：构件产生挤压变形的受力特点和产生轴向压缩变形的受力特点是一致的。（　　）

（4）在挤压实用计算中，只要取构件的实际接触面面积来计算挤压应力，其结果就和构件的实际挤压应力情况相符。（　　）

（5）一般情况下，挤压常伴随着剪切同时发生，但需指出，挤压应力与切应力是有区别的，它并非构件内部单位面积上的内力。（　　）

（6）螺栓这类圆柱状联接件与钢板联接时，由于两者接触面上的挤压力沿圆柱面分布很复杂，故采用实用计算得到的平均应力与接触面中点处（在与挤压力作用线平行的截面上）的最大理论挤压应力最大值相近。（　　）

7-4　填空题：

（1）构件受到剪切作用时，剪切面的方位与两外力的作用线相_____。

（2）构件只有一个剪切面时，其剪切变形通常称为_____剪切。

（3）剪切的变形特点是：位于两力间的构件截面沿外力方向发生相对_____。

（4）用截面法求剪力时，沿_____面将构件截分成两部分，取其中一部分为研究对象，由静力平衡方程便可求得剪力。

（5）挤压面是两构件的接触面，其方位是＿＿＿＿＿＿于挤压力的。

（6）在螺栓联接中，剪切面＿＿＿＿＿＿于外力方向，挤压面＿＿＿＿＿＿于外力方向。

7-5　如图 7-13 所示为一凸缘联轴器，在凸缘上沿直径 $D = 150\,\mathrm{mm}$ 的圆周上，对称地分布着四个直径 $d = 12\,\mathrm{mm}$ 的螺栓。若此轴传递的外力偶矩 $M = 1.5\,\mathrm{kN \cdot m}$，螺栓的许用切应力 $[\tau] = 60\,\mathrm{MPa}$，试校核该螺栓的剪切强度。

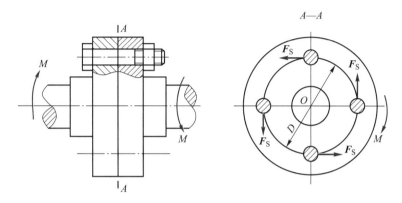

图 7-13　习题与思考 7-5 附图

7-6　如图 7-14 所示，已知焊缝材料的许用切应力 $[\tau] = 100\,\mathrm{MPa}$，$F = 300\,\mathrm{kN}$，$t = 10\,\mathrm{mm}$，求所需焊缝长度 l。

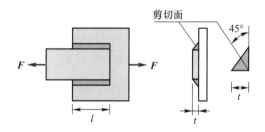

图 7-14　习题与思考 7-6 附图

7-7　如图 7-15 所示的圆截面杆件承受一轴向拉力 F 的作用。设拉杆的直径为 d，端部墩头的直径为 D，高度为 h，试从强度方面考虑，建立三者间的合理比值。已知许用应力 $[R] = 120\,\mathrm{MPa}$，许用切应力 $[\tau] = 90\,\mathrm{MPa}$，许用挤压应力 $[R_{\mathrm{bs}}] = 240\,\mathrm{MPa}$。

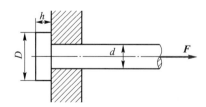

图 7-15　习题与思考 7-7 附图

单元 8

圆轴扭转

学习目标：了解扭转的相关概念，理解圆轴扭转时横截面上的内力、应力，以及扭转的刚度条件，掌握圆轴扭转时构件的强度和刚度计算。

单元概述：扭转变形时，圆轴受到大小相等、方向相反且作用平面垂直于其轴线的力偶作用，使其横截面绕轴线产生转动。本单元的重点包括圆轴扭转时内力、应力和变形分析，以及圆轴扭转时的强度与刚度计算等；难点是扭矩符号的判别、圆轴扭转时横截面上的应力分布规律。

 课件 8.1

8.1 扭转的概念

8.1.1 扭转时的受力分析及变形特点

工程实践中，有很多发生扭转变形的杆件。如汽车驾驶员通过转向盘把力偶作用于汽车操纵杆的上端，其下端受到来自转向器的阻力偶作用，使汽车操纵杆产生扭转变形，其受力分析如图 8-1a 所示。如用螺丝刀拧紧螺钉时，需要在手柄上施加大小相等、方向相反的力，这两个力在垂直于螺丝刀轴线的平面内构成一个力偶，使螺丝刀转动；与此同时，螺丝刀下端受到螺钉的阻力形成转向相反的力偶，阻碍螺丝刀的转动，螺丝刀在这一对力偶的作用下将产生扭转变形，其受力分析如图 8-1b 所示。又如电动机的传动轴（图 8-1c）、卷扬机轴（图 8-1d）等，这种受力形式在机械传动部分最为常见。

对于各种扭转变形的构件，虽然外力在构件上的具体作用方式有所不同，但总可以将其一部分作用简化为一个在垂直于轴线平面内的力偶。所以，扭转构件的受力特点是：外力偶的作用面垂直于杆件轴线，如图 8-2 所示。扭转构件的变形特点是：各横截面绕杆件轴线发生相对转动。

工程中以扭转为主要变形形式的杆件统称为**轴**。杆件任意两横截面之间相对转过的角度 φ 称为**扭转角**。图 8-2 中截面 B 相对于截面 A 的扭转角为 φ_{B-A}。

扭转变形是杆件的一种基本变形形式，对扭转变形的研究不但是进行这类杆件的强度、刚度计算的基础，也是全面了解材料破坏形式、认识力和变形的基本性质时必不可少的内容。由于圆轴是最为常见的扭转变形构件，所以本单元主要分析和讨论圆轴的扭转。

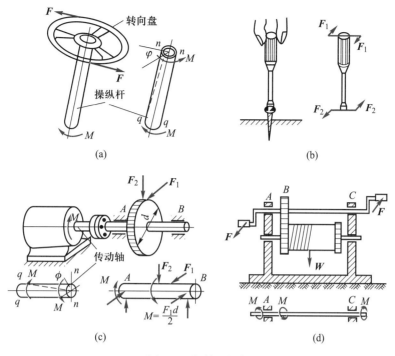

图 8-1　扭转的杆件

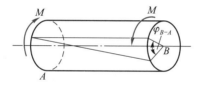

图 8-2　扭转时的力学模型

8.1.2　外力偶矩的计算

在工程实际中，一般不会直接给出作用于轴上的外力偶矩的值，而是根据该轴的转速和它所传递的功率，通过式（8-1）进行计算，即：

$$M_e = 9549 \frac{P}{n} \tag{8-1}$$

式（8-1）中，M_e 为外力偶矩，单位为 N·m；P 为圆轴传递的功率，单位为 kW；n 为轴的转速，单位为 r/min。

若传递功率的单位为 hp（英制马力），则式（8-1）应改写为：

$$M_e = 7024 \frac{P}{n} \tag{8-2}$$

在确定外力偶矩的方向时，应注意：输入功率的齿轮、V 带轮等作用的力偶矩为主动力偶矩，其方向与轴的转向一致；输出功率的齿轮、V 带轮等作用的力偶矩为阻力偶矩，其方向与轴的转向相反。

由式（8-1）和式（8-2）可以看出：轴所承受的力偶矩与轴传递的功率成正比，与轴的转速成反比。因此，在传递同样的功率时，低速轴的力偶矩比高速轴大。所以在传动系统中，低速轴的直径比高速轴的直径要大一些。

8.2　圆轴扭转时的内力分析

8.2.1　扭矩的分析

微课
圆轴扭转时的内力分析

与前文分析轴向拉伸与压缩、剪切等基本变形问题时一样，在研究扭转变形的强度和变形时，首先需要计算出杆件横截面上的内力。

如图 8-3a 所示，轴 AB 在一对大小相等、转向相反的外力偶作用下产生扭转变形。此时，轴的横截面上必然产生相应的内力。为了显示和计算内力，可采用截面法：用一个假想的横截面在轴的任意位置 $n—n$ 处垂直地将轴截开，取左段为研究对象，如图 8-3b 所示。由于 A 端作用一个外力偶 M_A，为了保持左段轴的平衡，在横截面 $n—n$ 的平面内，必然存在一个内力偶与其平衡。由平衡条件 $\sum M_x = 0$，可求得这个内力偶的力偶矩大小为：$T_n = M_A$。若取轴的右段为研究对象，也可得到同样的结果，如图 8-3b 所示。

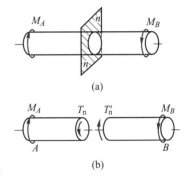

图 8-3　圆轴扭转时的内力分析

由此可见，轴在受到扭转作用时，其横截面上的内力是一个作用在横截面平面内的力偶，其力偶矩 T_n 称为横截面上的**扭矩**。取横截面左段部分和取横截面右段部分为研究对象所求得的扭矩 T_n 和 T'_n，其数值相等但方向相反，是作用与反作用的关系。

为了明确表示杆件扭转变形的转向，通常对扭矩规定正负号，按右手螺旋法则判定：右手四指弯曲指向扭矩的转向，若拇指指向与横截面的外法线方向一致，则扭矩为正；反之为负，如图 8-4 所示。

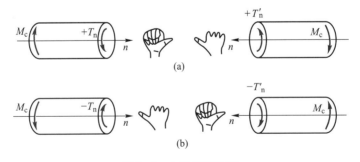

图 8-4　右手螺旋法则

对于简单受力的扭转轴，横截面上的扭矩在数值上等于横截面任意一侧的外力偶矩，其外力偶矩的正负也按右手螺旋法则进行判定。

对于复杂外力偶矩作用下的扭转轴，其扭矩可同样采用截面法求出，即某横截面上的扭矩在数值上等于横截面任意一侧的外力偶矩的代数和，正负号规定与简单扭转相同。

扭矩计算公式为：

$$T_n = \sum_{i=1}^{n} M_i \qquad (8-3)$$

8.2.2 扭矩图的绘制

当一根轴上同时受到多个外力偶作用时，扭矩通常需要分段计算。为了表达整个轴上各横截面（或不同轴段）扭矩的变化规律，以便分析危险截面所在位置及扭矩值大小，常用横坐标表示轴上各横截面的位置，纵坐标表示相应横截面上的扭矩，正的扭矩画在横坐标轴的上方，负的扭矩画在横坐标轴的下方，这种图形称为**扭矩图**。

【例 8-1】如图 8-5a 所示，传动轴的转速 $n = 300\,\text{r/min}$，主动轮 A 的输入功率 $P_A = 300\,\text{kW}$，其他各轮的输出功率分别为 $P_B = P_C = 90\,\text{kW}$，$P_D = 120\,\text{kW}$，试绘制该传动轴的扭矩图。

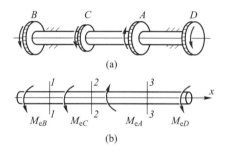

图 8-5 【例 8-1】附图

解：（1）按式（8-1）计算各轮上作用的外力偶矩，如图 8-5b 所示：

$$M_{eA} = 9549 \times \frac{P_A}{n} = 9549 \times \frac{300}{300}\,\text{N} \cdot \text{m} = 9549\,\text{N} \cdot \text{m}$$

$$M_{eB} = 9549 \times \frac{P_B}{n} = 9549 \times \frac{90}{300}\,\text{N} \cdot \text{m} = 2864.7\,\text{N} \cdot \text{m}$$

$$M_{eC} = 9549 \times \frac{P_C}{n} = 9549 \times \frac{90}{300}\,\text{N} \cdot \text{m} = 2864.7\,\text{N} \cdot \text{m}$$

$$M_{eD} = 9549 \times \frac{P_D}{n} = 9549 \times \frac{120}{300}\,\text{N} \cdot \text{m} = 3819.6\,\text{N} \cdot \text{m}$$

（2）运用截面法，按式（8-3）分别计算横截面 1—1、横截面 2—2 和横截面 3—3 上的扭矩，如图 8-6a、b、c 所示。

$$T_{n1} = \sum_{i=1}^{n} M_i = -M_{eB} = -2864.7\,\text{N} \cdot \text{m} \approx -2.86\,\text{kN} \cdot \text{m}(\text{取左侧为研究对象})$$

$$T_{n2} = \sum_{i=1}^{n} M_i = -M_{eB} - M_{eC} = -5729.4\,\text{N} \cdot \text{m} \approx -5.73\,\text{kN} \cdot \text{m}(\text{取左侧为研究对象})$$

$$T_{n3} = \sum_{i=1}^{n} M_i = M_{eD} = 3819.6\,\text{N} \cdot \text{m} \approx 3.82\,\text{kN} \cdot \text{m}(\text{取右侧为研究对象})$$

（3）绘制扭矩图，如图 8-6d 所示。

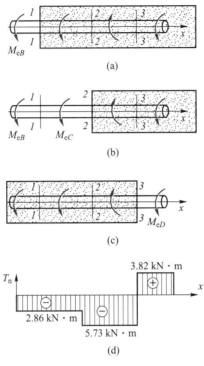

图 8-6 【例 8-1】扭矩的计算与扭矩图

8.3   圆轴扭转时的应力分析与计算

圆轴扭转时，用截面法求得横截面上的扭矩后，还应进一步确定横截面上的应力分布规律，以便求出最大应力。解决这一问题的途径与推导轴向拉伸与压缩时横截面上正应力的方法类似，应从圆轴的变形特点入手。

8.3.1   圆轴扭转时的应力分析

1. 试验现象

取一等截面圆轴，在其圆柱表面画上一组平行于轴线的纵向线和一组代表横截面的圆周线，形成许多小矩形，然后将其一侧的端面固定，在另一侧的端面上作用一个与轴线垂直的外力偶 M，如图 8-7a 所示。此时圆轴发生扭转变形，在小变形的情况下，可以观察到如下两个现象：

（1）所有纵向线仍近似为一条直线，只是倾斜了同一个角度 γ，使原来的小矩形变成了平行四边形。

（2）圆周线的形状、大小及两圆周线间的距离均无变化，只是绕轴线转动了不同的角度，如图 8-7b 所示。

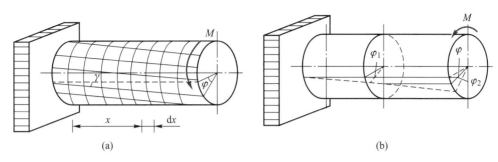

图 8-7　圆轴扭转

2. 平面假设

根据观察到的表面变形现象，横截面边缘上各点（即圆周线）在变形后仍在垂直于轴线的平面内，且离轴线的距离不变，推论整个横截面上每一点也如此，从而得到如下两个假设：

（1）扭转的横截面，变形后仍保持为平面，且大小与形状保持不变，半径仍保持为直线。这个假设就是扭转变形的平面假设。按照这个假设，扭转变形可视为各横截面像刚性平面一样，一个接着一个产生绕轴线的相对转动，如图 8-7b 所示。

（2）因为扭转变形时，轴的长度不变，由此可假设各横截面间的距离保持不变。

3. 两点推理

根据上述的假设，可得如下两点推理：

（1）由于扭转变形时，相邻横截面发生旋转式的相对滑移，从而出现了剪切变形，因此横截面上必然存在着与剪切变形相对应的切应力；又因为圆轴的半径大小不变，可以推想切应力必定与径向垂直。

（2）由于扭转变形时，相邻横截面间的距离保持不变，所以轴向线应变 $e=0$，由此推论横截面上不存在正应力，即 $R=0$。

4. 三种关系

扭转变形时，根据几何、物理和静力学三方面的关系，可建立圆轴扭转变形时横截面上切应力的计算公式。

（1）扭转变形时的几何关系。

如图 8-8a 所示，在受扭转作用的圆轴中，用两个横截面截取相距为 dx 的微段，再用夹角为无限小的两个纵截面从微段中截取一个楔形体，如图 8-8b 所示。

根据前述的平面假设，圆轴变形后，两横截面相对转动了角 $d\varphi$，使表面的矩形 $abdc$ 变成了平行四边形 $abd'c'$，直角 bac 的角度改变量 γ 就是圆周上任意一点处的切应变。直角 feh 的角度改变量 γ_ρ 就是横截面上距圆心为 ρ 的任意一点 e 处的切应变。在小变形时，由图 8-8 所示的几何关系可以得出：

$$\gamma_\rho \approx \tan\gamma_\rho = \frac{hh'}{eh} = \frac{\rho d\varphi}{dx}$$

$$\gamma_\rho = \rho\frac{d\varphi}{dx} \qquad (8\text{-}4)$$

式（8-4）中，$d\varphi/dx$ 表示扭转角 φ 沿轴线的变化率，为两个横截面相隔单位长度时的扭转角，称为单位长度的**扭转角**，用符号 θ 表示，即 $\theta = \mathrm{d}\varphi/\mathrm{d}x$，同一截面上 $\mathrm{d}\varphi/\mathrm{d}x$ 为定值。由此表明：扭转轴内任意一点的切应变 γ_ρ 与该点至圆心的距离 ρ 成正比。

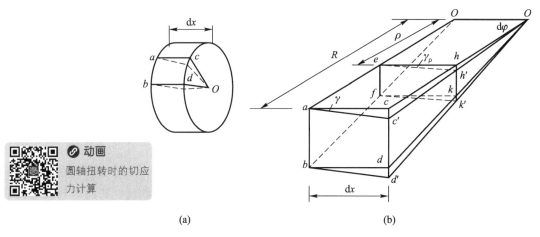

图 8-8　圆轴扭转时的变形几何关系

（2）扭转变形时的物理关系。

根据剪切胡克定律，当最大切应力 $\tau_{\max}$ 不超过材料的剪切比例极限 τ_ρ 时，圆轴上距圆心为 ρ 处的切应力 τ_ρ 与该点处的切应变 γ_ρ 成正比，即：

$$\tau_\rho = G \cdot \gamma_\rho = G \cdot \rho \frac{\mathrm{d}\varphi}{\mathrm{d}x} \tag{8-5}$$

式（8-5）中，G 是材料的**剪切弹性模量**，单位为 GPa。由此表明：圆轴扭转时，横截面上某点的切应力的大小与该点至圆心的距离 ρ 成正比，在圆心处为零，在圆周表面为最大，在半径为 ρ 的同一圆周上各点的切应力处处相等，其方向与其径向垂直。切应力在横截面上的分布规律如图 8-9 所示。

（3）扭转变形时的静力学关系。

在式（8-5）中，$\mathrm{d}\varphi/\mathrm{d}x$ 是一个未知数，因此还不能用来计算切应力 τ_ρ 的数值，必须借助于静力学关系来解决这一问题。

如图 8-10 所示，在横截面上距圆心为 ρ 处取微面积 $\mathrm{d}S$，微面积上有微剪力 $\tau_\rho \mathrm{d}S$。各微剪力对横截面圆心力矩的总和便是该横截面的扭矩 T_n，即：

$$T_n = \int_S \rho \cdot \tau_\rho \mathrm{d}S$$

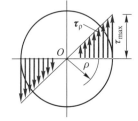

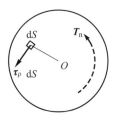

图 8-9　切应力在横截面上的分布规律　　图 8-10　圆轴扭转时的静力学关系

将式（8-5）代入得 $T_n = \int_S \rho\left(G \cdot \rho \dfrac{\mathrm{d}\varphi}{\mathrm{d}x}\right)\mathrm{d}S = G\dfrac{\mathrm{d}\varphi}{\mathrm{d}x}\int_S \rho^2 \mathrm{d}S$

令：$\int_S \rho^2 \mathrm{d}S = I_P$，则

$$T_n = G\frac{\mathrm{d}\varphi}{\mathrm{d}x}I_P \tag{8-6}$$

由此得：

$$\frac{\mathrm{d}\varphi}{\mathrm{d}x} = \frac{T_n}{G \cdot I_P} \tag{8-7}$$

式（8-7）为单位长度上扭转角的计算公式。

将式（8-7）代入式（8-5），可得：

$$\tau_p = \frac{T_n}{I_P}\rho \tag{8-8}$$

式（8-8）中，τ_p 是圆轴扭转时横截面上任意一点处的切应力，单位为 MPa；T_n 是横截面上的扭矩，单位为 N·mm；ρ 是扭转时横截面上任意一点至该圆轴圆心的距离，单位为 mm；I_P 是横截面对其形心的**极惯性矩**，单位为 mm⁴，极惯性矩与圆轴的横截面形状和大小有关。

对于直径为 D 的圆形截面：

$$I_P = \frac{\pi D^4}{32} \tag{8-9}$$

对于内外径比为 $\dfrac{d}{D} = \alpha$ 的空心圆形截面：

$$I_P = \frac{\pi D^4}{32}(1-\alpha^4) \tag{8-10}$$

式（8-8）是在平面假设及材料符合胡克定律的前提下推导出来的，因此公式的适用范围是：只能用于平面假设成立的圆形截面轴，因为非圆形截面（如方形截面）轴受扭时，横截面将发生翘曲，刚性平面假设不再成立；材料需在比例极限范围内，因为公式在推导时使用了剪切胡克定律。

由式（8-8）可知，当 ρ 达到最大值 R 时，扭转轴表面的切应力达到最大值：

$$\tau_{\max} = \frac{T_n}{I_P}R \tag{8-11}$$

式（8-11）中，R 及 I_P 都是与横截面几何尺寸有关的量，故引入符号

$$W_n = \frac{I_P}{R} \tag{8-12}$$

便得到：

$$\tau_{\max} = \frac{T_n}{W_n} \tag{8-13}$$

式（8-13）中，W_n 称为**抗扭截面模量**，单位是 mm³。最大切应力 $\tau_{\max}$ 与横截面上的扭矩 T_n 成正比，而与 W_n 成反比。W_n 越大，则 $\tau_{\max}$ 越小，所以，W_n 是表示圆轴抵抗扭转破坏

能力的几何参数, 其单位为 m^3 或 mm^3。对于直径为 D 的圆形截面:

$$W_n = \frac{I_P}{\frac{D}{2}} = \frac{\frac{\pi}{32}D^4}{\frac{D}{2}} = \frac{\pi D^3}{16} \tag{8-14}$$

对于内外径比为 $\frac{d}{D} = \alpha$ 的空心圆形截面:

$$W_n = \frac{\pi D^3}{16}(1 - \alpha^4) \tag{8-15}$$

8.3.2　圆轴扭转时的强度计算

为了保证工作安全, 圆轴横截面上最大的切应力应不超过材料的许用切应力, 即圆轴强度条件为:

$$\tau_{max} = \frac{T_{nmax}}{W_n} \leqslant [\tau] \tag{8-16}$$

式 (8-16) 中, T_{nmax} 为绝对值最大的扭矩值 $|T|_{max}$。

等截面圆轴上最大切应力 τ_{max} 发生在 $|T|_{max}$ 所在横截面的圆周各点处; 而对于阶梯轴, 需综合考虑 T_n 及 W_n 的变化情况来确定 τ_{max}。

圆轴扭转时的许用切应力 $[\tau]$ 是由扭转试验测得材料的极限切应力除以适当的安全因数来确定的。在静载荷作用下, 扭转时的许用切应力 $[\tau]$ 与拉伸时的许用应力 $[R]$ 之间具有如下关系:

（1）塑性材料: $[\tau] = (0.5 \sim 0.6)[R]$;

（2）脆性材料: $[\tau] = (0.8 \sim 1.0)[R]$。

根据式 (8-16), 可以对扭转轴进行强度校核、设计截面尺寸和确定许用扭矩这三方面的强度计算。

【例 8-2】 卷扬机的传动轴直径为 $d = 40\ mm$, 传递的功率 $P = 30\ kW$, 转速 $n = 1440\ r/min$, 轴的材料为 45 钢, $G = 80\ GPa$, $[\tau] = 40\ MPa$, 试校核该传动轴的强度。

解:（1）根据式 (8-1), 计算传动轴的外力偶矩:

$$M_e = 9549\frac{P}{n} = \frac{9549 \times 30}{1440}\ N \cdot m \approx 198.94\ N \cdot m$$

（2）该传动轴传递的扭矩:

$$T_n = M_e = 198.94\ N \cdot m = 198.94 \times 10^3\ N \cdot mm$$

（3）根据式 (8-16), 对传动轴进行强度校核, 横截面上最大的切应力为:

$$\tau_{max} = \frac{T_{nmax}}{W_n} = \frac{T_n}{\frac{\pi d^3}{16}} = \frac{16 \times 198.94 \times 10^3}{\pi \times 40^3}\ MPa \approx 15.83\ MPa \leqslant [\tau]$$

即该传动轴满足强度条件。

【例 8-3】 某传动轴, 作用于横截面上的最大扭矩 $T_{nmax} = 1.5\ kN \cdot m$, 材料的许用切应力 $[\tau] = 50\ MPa$。求:

（1）若采用实心轴，试确定其直径 D_1；

（2）若改用空心轴，且 $\alpha = \dfrac{d}{D} = 0.85$，试确定其内径 d 和外径 D；

（3）试比较空心轴和实心轴的质量。

解： 根据式（8-16），传动轴所需的抗扭截面模量为：

$$W_n \geqslant \frac{T_{nmax}}{[\tau]} = \frac{1.5 \times 10^6}{50} \text{ mm}^3 = 3 \times 10^4 \text{ mm}^3$$

（1）若采用实心轴，由式（8-14）得：

$$D_1 = \sqrt[3]{\frac{16 W_n}{\pi}} \geqslant \sqrt[3]{\frac{16 \times 3 \times 10^4}{\pi}} \text{ mm} \approx 53.46 \text{ mm}$$

取 $D_1 = 54 \text{ mm}$。

（2）若改用空心轴，且 $\alpha = \dfrac{d}{D} = 0.85$，由式（8-15）得：

$$D = \sqrt[3]{\frac{16 W_n}{\pi (1-\alpha^4)}} \geqslant \sqrt[3]{\frac{16 \times 3 \times 10^4}{\pi \times (1-0.85^4)}} \approx 68.37 \text{ mm}$$

$$d = \alpha \times D = 0.85 \times 68.37 \text{ mm} \approx 58.11 \text{ mm}$$

取 $D = 69 \text{ mm}$，$d = 58 \text{ mm}$。

（3）比较空心轴和实心轴的质量：

两根长度和材料都相同的轴，其质量比就等于横截面面积之比，即：

$$\frac{m_{空}}{m_{实}} = \frac{S_{空}}{S_{实}} = \frac{\dfrac{\pi}{4}(D^2 - d^2)}{\dfrac{\pi}{4}D_1^2} = \frac{69^2 - 58^2}{54^2} \approx 0.479$$

此例表明：当两轴具有相同的承载能力时，空心轴比实心轴横截面面积小，可减轻自重。采用实心轴时，仅在圆形截面边缘处的切应力达到最大切应力值，而在圆心附近的切应力很小，如图 8-11a 所示，这部分材料未得到充分利用，如将这部分材料移至离圆心较远处，使其成为空心轴，如图 8-11b 所示，便可提高材料的利用率，并增大抗扭截面模量，从而提高圆轴的承载能力。

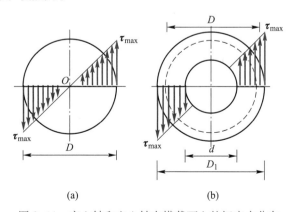

图 8-11　实心轴和空心轴在横截面上的切应力分布

8.4   圆轴扭转时的变形分析与计算

8.4.1   圆轴扭转时的变形计算

如图 8-12 所示，圆轴扭转时，扭转变形用扭转角表示，相距为 l 的两横截面间的扭转角为：

$$\varphi = \frac{T_n \cdot l}{G \cdot I_P} \tag{8-17}$$

式（8-17）中，φ 为扭转角，单位为 rad；$G \cdot I_P$ 为**截面抗扭刚度**，能反映圆轴抵抗扭转变形的能力。$G \cdot I_P$ 越大，扭转角 φ 越小。

将式（8-17）的等号两边同除以 l，得到单位长度的扭转角 θ，即：

$$\theta = \frac{\varphi}{l} = \frac{T_n}{G \cdot I_P} \tag{8-18}$$

式（8-18）中，θ 的单位为 rad/m，在工程计算中，也常用（°/m）为单位。此时，式（8-18）可改写成：

$$\theta = \frac{\varphi}{l} = \frac{T_n}{G \cdot I_P} \times \frac{180°}{\pi} \tag{8-19}$$

【例 8-4】 如图 8-13a 所示的阶梯轴，AB 段的直径 $d_1 = 120\,\text{mm}$，长 $l_1 = 300\,\text{mm}$，BC 段的直径 $d_2 = 100\,\text{mm}$，长 $l_2 = 350\,\text{mm}$。扭转力偶矩为 $M_A = 22\,\text{kN} \cdot \text{m}$，$M_B = 36\,\text{kN} \cdot \text{m}$，$M_C = 14\,\text{kN} \cdot \text{m}$。已知材料的剪切弹性模量 $G = 80\,\text{GPa}$，试求阶梯轴上的最大切应力，并求 C 点处横截面相对于 A 点处横截面的扭转角。

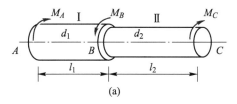

(a)

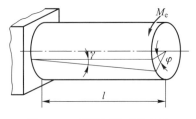

图 8-12   圆轴扭转时的变形

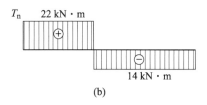

(b)

图 8-13   【例 8-4】附图

解：（1）绘制扭矩图：

运用截面法，得

AB 段截面上的扭矩 $T_{n1} = \sum\limits_{i=1}^{n} M_i = M_A = 22\,\text{kN} \cdot \text{m}$（取左侧为研究对象）

BC 段截面上的扭矩 $T_{n2} = \sum_{i=1}^{n} M_i = -M_C = -14 \text{ kN} \cdot \text{m}$（取右侧为研究对象）

绘制扭矩图如图 8-13b 所示。

（2）根据式（8-16），计算扭转时的最大应力：

虽然两段扭矩 $|T_{n1}| > |T_{n2}|$ 但两段的直径 $d_1 > d_2$，故两段的应力需分别计算：

AB 段切应力：$\tau_{max1} = \dfrac{|T_{n1}|}{W_{n1}} = \dfrac{|T_{n1}|}{\dfrac{\pi d_1^3}{16}} = \dfrac{16 \times 22 \times 10^6}{\pi \times 120^3} \text{ MPa} \approx 64.84 \text{ MPa}$

BC 段切应力：$\tau_{max2} = \dfrac{|T_{n2}|}{W_{n2}} = \dfrac{|T_{n2}|}{\dfrac{\pi d_2^3}{16}} = \dfrac{16 \times 14 \times 10^6}{\pi \times 100^3} \text{ MPa} \approx 71.30 \text{ MPa}$

根据计算结果可知，轴的最大剪应力在 BC 段，即 $\tau_{max} = 71.30 \text{ MPa}$。

（3）计算 C 点处横截面相对于 A 点处横截面的扭转角。

两段扭矩、直径不同，故两段的变形需分别计算，然后再进行叠加。

AB 段的扭转角：$\varphi_1 = \dfrac{T_{n1} \cdot l_1}{G \cdot I_{P1}} = \dfrac{22 \times 10^6 \times 300}{80 \times 10^3 \times \dfrac{\pi \times 120^4}{32}} \approx 4.05 \times 10^{-3} \text{ rad}$

BC 段的扭转角：$\varphi_2 = \dfrac{T_{n2} \cdot l_2}{G \cdot I_{P2}} = \dfrac{-14 \times 10^6 \times 350}{80 \times 10^3 \times \dfrac{\pi \times 100^4}{32}} \approx -6.24 \times 10^{-3} \text{ rad}$

则阶梯轴上的总变形：$\varphi = \varphi_1 + \varphi_2 = -2.19 \times 10^{-3} \text{ rad}$

则 C 点处横截面相对于 A 点处横截面的扭转角为 $2.19 \times 10^{-3} \text{ rad}$，转角的转向与 M_C 一致。

8.4.2 圆轴扭转时的刚度条件

圆轴扭转变形时，在满足强度条件的基础上，还需要进行刚度计算。为了保证圆轴的刚度，通常规定单位长度扭转角的最大值 θ_{max} 不得大于规定的允许值 $[\theta]$，即：

$$\theta_{max} = \frac{T_{nmax}}{G \cdot I_P} \leqslant [\theta] \tag{8-20}$$

式（8-20）中，θ_{max} 的单位为 rad/m。在工程计算中，若采用（°/m）为单位，则：

$$\theta_{max} = \frac{T_{nmax}}{G \cdot I_P} \times \frac{180°}{\pi} \leqslant [\theta] \tag{8-21}$$

$[\theta]$ 的数值按照设备的精度和圆轴的工作条件来确定，可查阅相关的工程手册，对于精密设计的圆轴，$[\theta] = 0.25°/\text{m} \sim 0.5°/\text{m}$；对于一般的传动轴，$[\theta] = 0.5°/\text{m} \sim 1.0°/\text{m}$。

【例 8-5】挖掘机的传动轴如图 8-14a 所示，其转速 $n = 300 \text{ r/min}$，主动轮 A 的输入功率 $P_A = 500 \text{ kW}$，三个从动轮的输出功率分别为 $P_B = P_C = 150 \text{ kW}$，$P_D = 200 \text{ kW}$，若 $[\tau] = 60 \text{ MPa}$，$G = 80 \text{ GPa}$，$[\theta] = 0.5°/\text{m}$，试设计该传动轴的轴径。

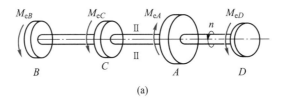

(a)

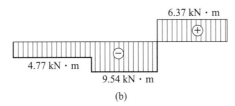

(b)

图 8-14 【例 8-5】附图

解：（1）计算各轴段的外力偶矩：

$$M_{eA} = 9549 \frac{P_A}{n} = \frac{9549 \times 500}{300} \text{N} \cdot \text{m} = 15915 \text{N} \cdot \text{m} \approx 15.92 \text{kN} \cdot \text{m}$$

$$M_{eB} = M_{eC} = 9549 \frac{P_B}{n} = \frac{9549 \times 150}{300} \text{N} \cdot \text{m} = 4774.5 \text{N} \cdot \text{m} \approx 4.77 \text{kN} \cdot \text{m}$$

$$M_{eD} = 9549 \frac{P_D}{n} = \frac{9549 \times 200}{300} \text{N} \cdot \text{m} = 6366 \text{N} \cdot \text{m} \approx 6.37 \text{kN} \cdot \text{m}$$

（2）采用截面法，求各横截面上的扭矩，并绘制扭矩图：

$$BC \text{ 段横截面上的扭矩 } T_{n1} = \sum_{i=1}^{n} M_i = -M_{eB} = -4.77 \text{kN} \cdot \text{m}$$

$$CA \text{ 段横截面上的扭矩 } T_{n2} = \sum_{i=1}^{n} M_i = -M_{eB} - M_{eC} = -9.54 \text{kN} \cdot \text{m}$$

$$AD \text{ 段横截面上的扭矩 } T_{n3} = \sum_{i=1}^{n} M_i = M_{eD} = 6.37 \text{kN} \cdot \text{m}$$

根据各横截面的扭矩，作扭矩图如图 8-14b 所示。由此可见，内力最大的危险截面在 CA 段内，最大扭矩值 $T_{nmax} = 9.54 \text{kN} \cdot \text{m}$。

（3）设计该传动轴的轴径 d：

按式（8-16），有 $\tau_{max} = \dfrac{T_{nmax}}{W_n} = \dfrac{T_{nmax}}{\dfrac{\pi d^3}{16}} \leqslant [\tau]$，可得：

$$d \geqslant \sqrt[3]{\frac{16 \times T_{nmax}}{\pi \times [\tau]}} = \sqrt[3]{\frac{16 \times 9.54 \times 10^6}{\pi \times 60}} \text{mm} \approx 93.21 \text{mm}$$

按式（8-21），有 $\theta_{max} = \dfrac{T_{nmax}}{G \cdot I_P} \times \dfrac{180°}{\pi} = \dfrac{T_{nmax}}{G \cdot \dfrac{\pi d^4}{32}} \times \dfrac{180°}{\pi} \leqslant [\theta]$，可得：

$$d \geqslant \sqrt[4]{\frac{32 \times 180° \times T_{nmax}}{\pi^2 \times G \times [\theta]}} = \sqrt[4]{\frac{32 \times 180 \times 9.54 \times 10^6}{\pi^2 \times 80 \times 10^3 \times 0.5 \times 10^{-3}}} \text{mm} = 108.62 \text{mm}$$

由计算可知，若同时满足轴的强度和刚度条件，轴的直径 d 不得小于 110 mm。

习题与思考

8-1　圆轴扭转时，如何确定危险截面、危险点及强度条件？

8-2　同一变速器中的高速轴一般比低速轴直径略小，这是为什么？

8-3　直径相同、材料不同的两根等长的实心圆轴，在相同的扭矩作用下，其最大切应力 τ_{max} 和最大单位长度扭转角 θ_{max} 是否相同？

8-4　判断题：

（1）传递功率一定的传动轴，其转速越高，横截面上承受的扭矩也就越大。（　　）

（2）用截面法求扭矩时，无论取横截面以左还是以右部分作为研究对象，按右手螺旋法则规定的扭矩正负总是相同的，从左、右两部分的作用与反作用关系看，二者方向也是相同的。（　　）

（3）扭矩就是受扭杆件某一横截面的左、右两部分在该横截面上相互作用的分布内力系的合力偶矩。（　　）

（4）一空心圆轴在产生扭转变形时，其危险截面外缘处具有全轴的最大切应力，而危险截面内缘处的切应力为零。（　　）

（5）粗细和长短相同的两圆轴，一为钢轴，另一为铝轴，当受到相同的外力偶作用产生弹性扭转变形时，其横截面上最大切应力是相同的。（　　）

（6）某一圆轴的抗扭强度可由其抗扭截面模量和许用切应力的乘积度量。（　　）

8-5　填空题：

（1）当实心圆轴的直径增大 1 倍时，其抗扭强度增加到原来的＿＿＿＿倍，抗扭刚度增加到原来的＿＿＿＿倍。

（2）受扭圆轴横截面内同一圆周上各点的切应力大小是＿＿＿＿的。

（3）圆轴扭转时，横截面上剪应力的大小沿半径呈＿＿＿＿规律分布。

（4）横截面面积相等的实心轴和空心轴相比，虽材料相同，但＿＿＿＿轴的抗扭承载能力要强些。

（5）从受扭转圆轴横截面的大小、形状及相互之间的轴向间距不改变这一现象，可以看出圆轴的横截面上无＿＿＿＿应力。

（6）圆轴扭转时，横截面上内力系合成的结果是力偶，力偶作用面垂直于轴线，相应的横截面上各点的切应力应垂直于＿＿＿＿。

8-6　用截面法分别求图 8-15 所示各圆轴指定横截面上的扭矩，并在截开后的横截面上画出扭矩的转向。

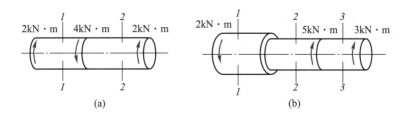

(a)　　　　　(b)

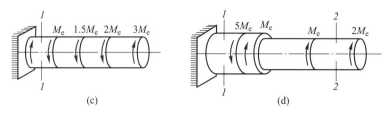

图 8-15　习题与思考 8-6 附图

8-7　作图 8-16 所示各轴的扭矩图，已知 $M = 10\,\text{kN·m}$。

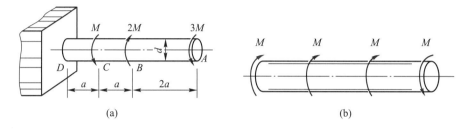

图 8-16　习题与思考 8-7 附图

8-8　如图 8-17 所示，已知 $M_{e1} = 6\,\text{kN·m}$，$M_{e2} = 4\,\text{kN·m}$，圆轴的外径 $D = 120\,\text{mm}$，空心轴内径 $d = 60\,\text{mm}$，$G = 80\,\text{GPa}$，试绘制扭矩图并求出最大切应力 $\tau_{\max}$。

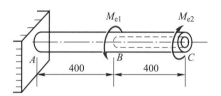

图 8-17　习题与思考 8-8 附图

8-9　推土机传动轴的外力偶矩分布如图 8-18 所示，$M_A = 3\,\text{kN·m}$，$M_B = 7\,\text{kN·m}$，$M_C = 4\,\text{kN·m}$，$d_1 = 60\,\text{mm}$，$d_2 = 65\,\text{mm}$，$[\tau] = 80\,\text{MPa}$，试校核该轴各段的强度。

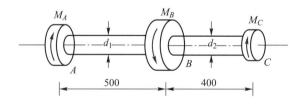

图 8-18　习题与思考 8-9 附图

8-10　如图 8-19 所示，空心圆轴外径 $D = 100\,\text{mm}$，内径 $d = 80\,\text{mm}$，$l = 500\,\text{mm}$，外力偶 $M_1 = 6\,\text{kN·m}$，$M_2 = 4\,\text{kN·m}$，材料的 $G = 80\,\text{GPa}$。试求横截面 C 对横截面 A 和横截面 B 的相对扭转角。

8-11　某桥式起重机，若传动轴的转速 $n = 27\,\text{r/min}$，传递功率 $P = 3\,\text{kW}$，材料的许用切应力 $[\tau] = 40\,\text{MPa}$，剪切弹性

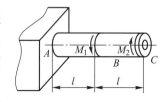

图 8-19　习题与思考 8-10 附图

模量 $G=80\,\mathrm{GPa}$，许用单位长度扭转角 $[\theta]=1°/\mathrm{m}$，试设计该传动轴的直径。

8-12   等截面受扭圆轴 1 与圆管 2 紧密地黏接在一起，横截面尺寸如图 8-20 所示，圆轴 1 的外径为 d，剪切弹性模量为 G_1，圆管 2 的外径为 D，剪切弹性模量为 G_2，该圆轴两端受外力偶矩 W 作用，且满足平面假设，如欲使圆轴 1 和圆管 2 所分配的扭矩值相同。求：（1）直径比 d/D；（2）圆轴 1 和圆管 2 横截面上的最大切应力。（选自第五届江苏省大学生力学竞赛）

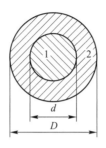

图 8-20   习题与思考 8-12 附图

梁的弯曲

学习目标：了解平面弯曲的概念，掌握梁的受力及变形特点，运用截面法求解指定横截面的剪力和弯矩并能快速绘制剪力图和弯矩图；掌握平面弯曲时，横截面上应力的分布特点及计算，求解简单载荷作用下梁的变形，能够熟练应用强度条件和刚度条件进行相关力学问题的计算。

单元概述：平面弯曲、静定梁的分类、梁的弯曲内力、内力图、应力、变形等基本概念、相互关系及分析与计算。本单元的重点包括梁平面弯曲时的内力、内力图、应力和变形分析，以及梁平面弯曲时的强度与刚度计算等；难点是剪力图、弯矩图的绘制技巧，载荷、剪力、弯矩之间的微分关系、梁的变形计算等。

课件 9.1

9.1 梁的平面弯曲

9.1.1 平面弯曲的概念

如图 9-1 所示，当杆件受到垂直于轴线的外力或纵向平面内外力偶作用时，杆件轴线由直线变成曲线的这种变形称为**弯曲**。

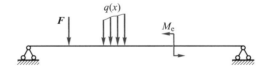

图 9-1 平面弯曲

工程实际中，将以弯曲为主要变形的构件称为**梁**，如房屋建筑中的楼面梁（图 9-2a），受到楼面载荷的作用，将发生弯曲变形；阳台挑梁（图 9-2b）、桥式起重机的横梁（图 9-2c），在自重与载荷的作用下发生弯曲变形。其他如挡土墙（图 9-2d）、桥梁主梁（图 9-2e）、吊车梁、桥面板等，都是常见的梁。

梁的横截面一般为矩形、圆形、工字形或 T 形等，如图 9-3 所示。一般梁的横截面都有对称轴，梁横截面的对称轴和梁轴线所组成的平面通常称为**纵向对称平面**，如图 9-4 所示。当梁上的外力（包括主动力和约束力）全部作用于梁的同一纵向对称平面内时，变形后的梁轴线也必定在此纵向对称平面内，这种弯曲称为**平面弯曲**。平面弯曲是弯曲问题中最简单的情形，也是工程中经常遇到的情形。

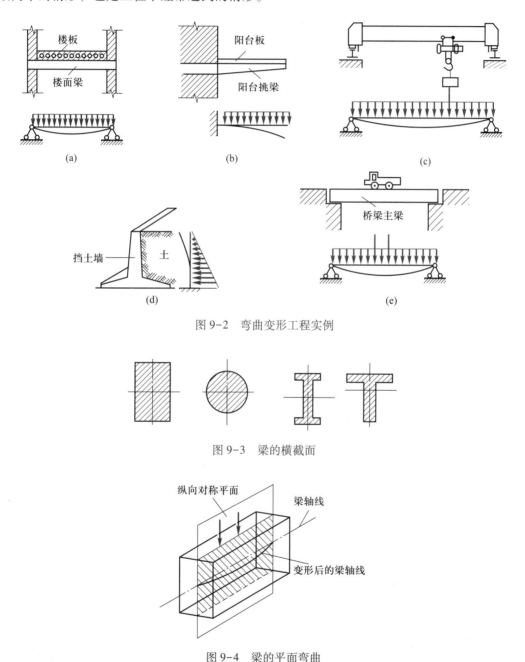

图 9-2　弯曲变形工程实例

图 9-3　梁的横截面

图 9-4　梁的平面弯曲

平面弯曲的受力特点是：在纵向对称平面内，受到垂直于梁轴线的载荷作用；平面弯曲的变形特点是：梁的轴线在纵向对称平面内由直线变成一条光滑的连续曲线。本单元主要讨论平面弯曲。

9.1.2　静定梁的分类

梁在发生平面弯曲时，其外力或外力的合力都作用在梁的纵向对称平面内，为了使梁在此平面内不致发生随意的移动和转动，必须有足够的支座约束。按照跨数可以分为单跨梁和多跨梁两类，其中单跨梁按支承的情况，常见的有下述三种类型：

（1）**悬臂梁**。梁的一端固定、另一端自由，如图 9-5a 所示。

（2）**简支梁**。梁的一端为固定铰链支座，另一端为活动铰链支座，如图 9-5b 所示。

（3）**外伸梁**。梁的一端或两端伸出支座之外，如图 9-5c、d 所示。

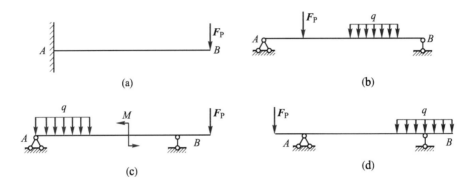

图 9-5　单跨静定梁的三种类型

在平面弯曲中，载荷与约束力构成一个平面平衡力系。对于上述三种类型的梁，约束力的未知量均只有 3 个。由静力学可知：平面一般力系有 3 个独立的平衡方程，因此这些梁的约束力都可以用静力平衡条件确定，凡是通过静力平衡方程就能够求出全部约束力的梁称为**静定梁**。

但在实际工作中，有时需要增加支座约束，以改善梁的强度和刚度、提高承载能力，此时约束力的未知量超过 3 个，单凭静力平衡条件无法完全确定其约束力，这种梁称为**超静定梁**（或静不定梁）。求解超静定梁需要考虑梁的变形情况，利用几何条件，列出补充方程，再与静力平衡条件联立，才能求出全部约束力。

 课件 9.2

9.2　梁的弯曲内力

9.2.1　梁平面弯曲时的内力

 微课
梁平面弯曲时的内力

以图 9-6a 所示的简支梁为例，分析梁所受到的弯曲内力，即计算横截面 m—m（距离 A 端为 x）上的内力。运用截面法，假想沿该横截面将梁截开，由于整个梁处于平衡状态，所以从中取出的任意部分也应处于平衡状态。

取横截面左段为研究对象，如图 9-6b 所示，由 $\sum F = 0$ 可知，横截面 m—m 处必然存在与 F_A 大小相等、方向相反的内力 F_S，这个内力称为**剪力**，剪力也可以用符号 Q 或 F_Q

表示；同时 F_A 和 F_S（Q 或 F_Q）又构成了一个力偶，由 $\sum M = 0$ 可知，横截面 m—m 处必然还存在一个与该力偶等值反向的力偶，这个力偶的力偶矩 M 称为**弯矩**。

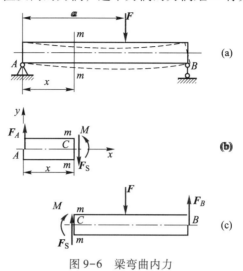

图 9-6　梁弯曲内力

由此可见：梁在平面弯曲时横截面上存在两种内力：一是与横截面相切的剪力 F_S，单位为 N 或 kN；二是作用在纵向对称平面内的弯矩 M，常用单位为 N·m 或 kN·m。

横截面 m—m 上的剪力 F_S 和弯矩 M 可由研究对象的平衡条件求得，由：

$$\sum F_y = 0, \quad F_A - F_S = 0$$

解得：
$$F_S = F_A$$

将力矩方程的矩心选在横截面 m—m 的形心 C 点处，由：

$$\sum M_C = 0, \quad -F_A x + M = 0$$

解得：
$$M = F_A x$$

若取右段为研究对象，如图 9-6c 所示，同样可以求得剪力 F_S 和弯矩 M，且数值与上述结果相等，只是方向相反。

为了使两种算法得到的同一横截面上的剪力和弯矩不仅数值相等，且符号也相同，对剪力和弯矩的正负号的规定如下：剪力使所取微段梁产生顺时针转动趋势的为正，如图 9-7a 所示；反之为负，如图 9-7b 所示。弯矩使所取微段梁产生上凹下凸弯曲变形的为正，如图 9-7c 所示；反之为负，如图 9-7d 所示。根据上述正负号规定，图 9-6 中所示情况，横截面 m—m 上的剪力和弯矩均为正。

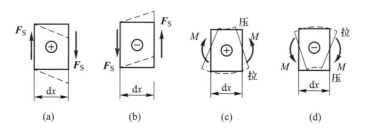

图 9-7　弯矩和剪力的正负号规定

9.2.2   用截面法求解任意指定横截面的内力

对梁任意指定横截面的内力可用截面法沿该横截面截开，取其中任意一段作为研究对象，进行受力分析，根据力系平衡方程求得该横截面的剪力和弯矩。

【例 9-1】简支梁受力分析如图 9-8a 所示，试求横截面 $1—1$ 的剪力和弯矩。

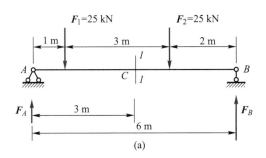

(a)

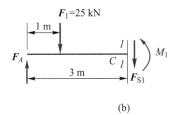

(b)

图 9-8   【例 9-1】附图

解：（1）计算支座约束力：

由梁的整体平衡条件，可求得 A、B 两支座约束力为：

$$F_A = \frac{F_1 \times 5 + F_2 \times 2}{6} \approx 29.2\,\text{kN} \qquad F_B = \frac{F_1 \times 1 + F_2 \times 4}{6} \approx 20.8\,\text{kN}$$

（2）计算横截面内力：

用横截面 $1—1$ 将梁截成两段，取左段为研究对象，并先设剪力 F_{S1} 和 M_1 都为正，如图 9-8b 所示。由平衡条件：

$$\sum F_y = 0, \quad F_A - F_1 - F_{S1} = 0, \text{得：} F_{S1} = F_A - F_1 = 29.2\,\text{kN} - 25\,\text{kN} = 4.2\,\text{kN}$$

$$\sum M_C = 0, \quad -F_A \times 3\,\text{m} + F_1 \times 2\,\text{m} + M_1 = 0, \text{得：} M_1 = F_A \times 3\,\text{m} - F_1 \times 2\,\text{m} = 37.6\,\text{kN} \cdot \text{m}$$

F_{S1} 和 M_1 均为正值，表示其预设方向与实际方向相同。实际方向按剪力和弯矩的符号规定均为正。

对于受力复杂的梁，可直接根据外力确定出横截面上 F_S 和 M 的数值及其正负号，步骤归纳如下：

（1）某横截面上的剪力，在数值上等于该横截面任意一侧所有垂直于轴线方向外力的代数和，即：

$$F_S = \sum F_y \tag{9-1}$$

若外力使所求横截面产生顺时针方向转动趋势时将引起正剪力；反之则引起负剪力。

（2）某横截面上的弯矩，在数值上等于该横截面任意一侧所有外力对该横截面形心之矩的代数和，即：

$$M = \sum M_C \qquad (9\text{-}2)$$

若外力矩使所研究的梁段产生上凹下凸弯曲变形（即上部受压，下部受拉）时，将产生正弯矩；反之则产生负弯矩。

【例 9-2】 如图 9-9a 所示的外伸梁，载荷均已知，求各指定横截面上的剪力 F_S 和弯矩 M。

解：（1）对梁进行受力分析，求 A、B 两处的约束力：

$$\sum M_B = 0, \quad Fa + M - F_A \times 2a - \frac{1}{2}qa^2 = 0, \quad 得：F_A = \frac{3}{4}qa$$

$$\sum M_A = 0, \quad -Fa + M + F_B \times 2a - \frac{5}{2}qa^2 = 0, \quad 得：F_B = \frac{5}{4}qa$$

（2）计算指定横截面上的内力：

横截面 *1—1*：取横截面的左侧为研究对象，将杆件横截面 *1—1* 右侧的所有的外力给屏蔽起来如图 9-9b 所示，根据式（9-1）和式（9-2），即可确定横截面 *1—1* 上的剪力和弯矩为：

$$F_{S1} = F_A = \frac{3}{4}qa, \quad M_1 = F_A \times 0 = 0$$

横截面 *2—2*：取横截面的左侧为研究对象，将杆件横截面 *2—2* 右侧的所有的外力给屏蔽起来如图 9-9c 所示，根据式（9-1）和式（9-2），即可确定横截面 *2—2* 上的剪力和弯矩为：

$$F_{S2} = F_A = \frac{3}{4}qa, \quad M_2 = F_A \times a = \frac{3}{4}qa^2$$

横截面 *3—3*：取横截面的左侧为研究对象，将杆件横截面 *3—3* 右侧的所有的外力给屏蔽起来如图 9-9d 所示，根据式（9-1）和式（9-2），即可确定横截面 *3—3* 上的剪力和弯矩为：

$$F_{S3} = F_A - F = -\frac{1}{4}qa, \quad M_3 = F_A \times a - P \times 0 = \frac{3}{4}qa^2$$

横截面 *4—4*：取横截面的右侧为研究对象，将杆件横截面 *4—4* 左侧的所有的外力给屏蔽起来如图 9-9e 所示，根据式（9-1）和式（9-2），即可确定横截面 *4—4* 上的剪力和弯矩为：

$$F_{S4} = -F_B + qa = -\frac{1}{4}qa, \quad M_4 = F_B \times 0 + qa^2 - \frac{1}{2}qa^2 = \frac{1}{2}qa^2$$

横截面 *5—5*：取横截面的右侧为研究对象，将杆件横截面 *5—5* 左侧的所有的外力给屏蔽起来如图 9-9f 所示，根据式（9-1）和式（9-2），即可确定横截面 *5—5* 上的剪力和弯矩为：

$$F_{S5} = qa, \quad M_5 = -qa \times \frac{1}{2}a = -\frac{1}{2}qa^2$$

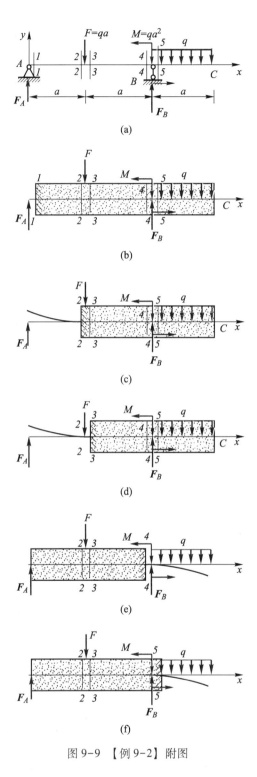

图 9-9　【例 9-2】附图

　　【例 9-3】 试用截面法求解图 9-10a 中外伸梁各指定横截面上的剪力和弯矩。已知 $F_P =$ 100 kN，$a = 1.5$ m，$M = 75$ kN·m，图中横截面 1—1、2—2 都无限接近于横截面 A，但横截面 1—1 在 A 左侧、横截面 2—2 在 A 右侧，习惯称横截面 1—1 为 A 偏左横截面，横截面 2—2 为 A 偏右横截面；同样横截面 3—3、4—4 分别称为 D 偏左横截面及 D 偏右横截面。

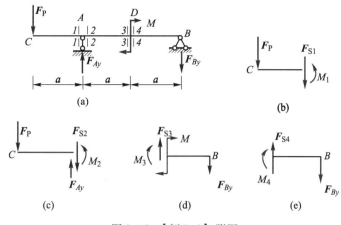

图 9-10 【例 9-3】附图

解：（1）求支座约束力：

$$\sum M_B = 0, \quad -F_{Ay} \times 2a + F_P \times 3a - M = 0$$

$$F_{Ay} = \frac{F_P \times 3a - M}{2a} = \frac{100 \times 3 \times 1.5 - 75}{2 \times 1.5} \text{kN} = 125 \text{ kN}(\uparrow)$$

$$\sum F_y = 0, \quad -F_{By} - F_P + F_{Ay} = 0$$

$$F_{By} = -F_P + F_{Ay} = -100 \text{ kN} + 125 \text{ kN} = 25 \text{ kN}(\downarrow)$$

（2）求横截面 *1—1* 上的剪力和弯矩：

取横截面的左侧为研究对象，其受力分析图如图 9-10b 所示。

由 $\quad \sum F_y = 0, \ -F_{S1} - F_P = 0,$ 得：$F_{S1} = -F_P = -100 \text{ kN}$

由 $\quad \sum M_A = 0, \ -M_1 + F_P \times a = 0,$ 得：$M_1 = -F_P \times a = -150 \text{ kN} \cdot \text{m}$

（3）求横截面 *2—2* 上的剪力和弯矩：

取横截面的左侧为研究对象，其受力分析图如图 9-10c 所示。

由 $\quad \sum F_y = 0, \ -F_{S2} - F_P + F_{Ay} = 0,$ 得：$F_{S2} = -F_P + F_{Ay} = 25 \text{ kN}$

由 $\quad \sum M_A = 0, \ M_2 + F_P \times a = 0,$ 得：$M_2 = -F_P \times a = -150 \text{ kN} \cdot \text{m}$

（4）求横截面 *3—3* 上的剪力和弯矩：

取横截面的右侧为研究对象，其受力分析图如图 9-10d 所示。

由 $\quad \sum F_y = 0, \ F_{S3} - F_{By} = 0,$ 得：$F_{S3} = F_{By} = 25 \text{ kN}$

由 $\quad \sum M_D = 0, \ -M_3 - M - F_{By} \times a = 0,$ 得：

$$M_3 = -M - F_{By} \times a = -112.5 \text{ kN} \cdot \text{m}$$

（5）求横截面 *4—4* 上的剪力和弯矩：

取横截面的右侧为研究对象，其受力分析图如图 9-10e 所示。

由 $\quad \sum F_y = 0, \ F_{S4} - F_{By} = 0,$ 得：$F_{S4} = F_{By} = 25 \text{ kN}$

由 $\quad \sum M_D = 0, \ -M_4 - F_{By} \times a = 0,$ 得：$M_4 = -F_{By} \times a = -37.5 \text{ kN} \cdot \text{m}$

对比横截面 *1—1*、横截面 *2—2* 上的内力会发现：在 *A* 偏左及偏右横截面上的剪力不同，而弯矩相同，左、右两侧剪力相差的数值正好等于 *A* 横截面处集中力的大小，这种现象被称为**剪力突变**。对比横截面 *3—3*、截面 *4—4* 上的内力会发现：在 *D* 偏左及偏右横截面上的剪力相同，而弯矩不同，左、右两侧弯矩相差的数值正好等于 *D* 横截面处集中力偶矩的大小，这种现象被称为**弯矩突变**。

截面法是计算梁指定横截面上的内力的基本方法，对学习本课程及后续课程都是十分重要的。以下讨论用截面法计算梁内力的三个问题：

（1）用截面法计算内力的规律。

根据前面的讨论及例题的求解，横截面上的剪力和弯矩与梁上的外力之间存在着以下规律：梁上任一横截面上的剪力 F_S 在数值上等于此横截面左侧（或右侧）梁上所有外力的代数和；梁上任一横截面上的弯矩 M 在数值上等于此截面左侧（或右侧）梁上所有外力对该横截面形心的力矩的代数和。

（2）关于剪力 F_S 和弯矩 M 的符号问题。

在用截面法计算内力时，应分清两种正负号：第一种正、负号是在求解平衡方程时出现的。在梁被假想地截开后，内力被作为研究对象上的外力看待，其方向是任意假定的。这种正负号是说明外力方向（研究对象上的内力当作外力）的符号。第二种正负号是由内力符号的规定而出现的，按剪力和弯矩的正负号规定，判别已求得的内力实际方向，则内力有正、有负，这种正负号是内力的符号。

这两种正负号的意义不同，为计算方便，通常将未知内力的方向都假设为内力的正方向，当平衡方程解得内力为正号时（这是第一种正负号），表示实际方向与所设方向一致，即内力为正值；解得内力为负号时，表示实际方向与所设方向相反，即内力为负值。这种假设未知力方向的方法将外力符号与内力符号两者统一了起来，由平衡方程中出现的正负号就可定出内力的正负号。

（3）用截面法计算内力的简便方法。

利用上述几条规律，可使计算横截面上内力的过程简化，省去列平衡方程式的步骤，直接由外力写出所求的内力。

 🔗 课件 9.3

9.3　梁的内力图

9.3.1　剪力方程和弯矩方程

梁横截面上的剪力和弯矩一般是随横截面的位置而变化的，为了将梁上各横截面的剪力、弯矩与横截面位置间的关系反映出来，常取梁上一点为坐标原点，横截面沿梁轴线的位置用横坐标 x 表示，则梁内各横截面上的剪力和弯矩就都可以表示为坐标 x 的函数，即：

$$F_S = F_S(x), M = M(x)$$

这两个函数分别称为梁的剪力方程和弯矩方程。其中剪力方程也可以表示为 $Q = Q(x)$、$F_Q = F_Q(x)$。

坐标原点一般选在梁的端点，当梁上同时作用着多个载荷时，剪力、弯矩与横截面位置间的关系会发生变化，需分段列方程，即以集中力、集中力偶、分布力的两端为方程分段的分界点。

9.3.2 剪力图和弯矩图

如图9-11所示，为了直观显示沿梁轴线方向的各横截面上的剪力和弯矩的变化情况，以横截面上的剪力或弯矩为纵坐标，以横截面沿梁轴线的位置为横坐标，表示梁上剪力或弯矩随横截面位置的变化而变化的图形，分别称为梁的剪力图和弯矩图。绘图时将正剪力画在x轴的上方；正弯矩则画在梁的受拉侧，也就是画在x轴的下方。

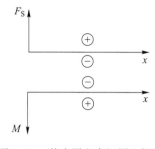

图9-11　剪力图和弯矩图坐标系

【例9-4】如图9-12a所示，悬臂梁受集中力F作用，试列出该梁的剪力方程、弯矩方程并作出剪力图和弯矩图。

解:（1）列剪力方程和弯矩方程：

设x轴沿梁的轴线，以A点为坐标原点，取距原点为x的横截面左侧的梁段为研究对象，得：

$$F_S(x) = -F(0 \leqslant x \leqslant l)$$

$$M(x) = -Fx(0 \leqslant x \leqslant l)$$

（2）绘制剪力图和弯矩图：

由上式知，梁各横截面上的剪力均相同，其值为$-F$，所以剪力图是一条平行于x轴的直线且位于x轴下方，如图9-12b所示。

$M(x)$是线性函数，因而弯矩图是一条倾斜的直线，只需确定其上两点即可画出，如图9-12c所示。

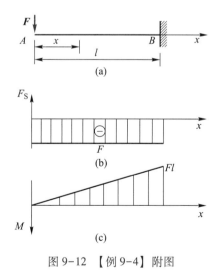

图9-12　【例9-4】附图

【例9-5】如图9-13a所示的简支梁AB受一集中力F的作用，试作其剪力图和弯矩图。

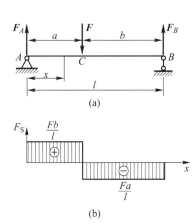

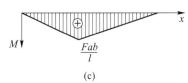

图 9-13 【例 9-5】附图

解: (1) 求 A、B 支座的约束力:

由平衡方程得:
$$F_A = \frac{Fb}{l}, \quad F_B = \frac{Fa}{l}。$$

(2) 列剪力方程和弯矩方程:

由于 AC 段和 CB 段受力不同,即 F 左侧和右侧梁段的剪力和弯矩方程不同,故 $F_S(x)$ 和 $M(x)$ 方程应分段写出:

① AC 段 ($0 \leqslant x \leqslant a$),以左侧梁段为研究对象,有:
$$F_S(x) = F_A = \frac{Fb}{l}, \quad M(x) = F_A x = \frac{Fb}{l}x$$

② CB 段 ($a \leqslant x \leqslant l$),以左侧梁段为研究对象,有:
$$F_S(x) = F_A - F = -\frac{Fa}{l}, \quad M(x) = F_A x - F(x-a) = \frac{Fa}{l}(l-x)$$

若以 CB 段的右侧梁段为研究对象,同样有:
$$F_S(x) = F_B = -\frac{Fa}{l}, \quad M(x) = F_B(l-x) = \frac{Fa}{l}(l-x)$$

(3) 绘制剪力图和弯矩图:

根据剪力、弯矩方程绘制剪力图和弯矩图,如图 9-13b、c 所示。

在 CB 段上取横截面左侧或右侧梁段为研究对象给出的结果相同,但以右侧梁段为研究对象较为简单方便。

由图可知:在集中力作用处,剪力图发生突变,突变的绝对值等于该集中力的大小;弯矩图发生转折。

假设 $a < b$,则绝对值最大的剪力发生在 F 左侧梁段内,即发生在 $x \leqslant a$ 的横截面内,且 $F_{Smax} = \dfrac{Fb}{l}$;弯矩最大值在 F 作用的横截面上,且 $M_{max} = \dfrac{Fab}{l}$。

【例 9-6】 如图 9-14a 所示，简支梁在 C 处受到一个集中力偶的作用，其力偶矩为 M，试绘出梁的剪力图和弯矩图。

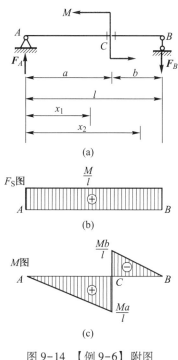

图 9-14 【例 9-6】附图

解：（1）求支座约束力：

由平衡方程得 $F_A = \dfrac{M}{l}(\uparrow)$，$F_B = \dfrac{M}{l}(\downarrow)$。

（2）列剪力方程和弯矩方程：

由于 AC 段和 CB 段受力不同，即 C 点左侧和右侧梁段的剪力和弯矩方程不同，故 $F_S(x)$ 和 $M(x)$ 方程需分段写出：

① AC 段 $(0 \leqslant x \leqslant a)$，以左侧梁段为研究对象，有：

$$F_S(x) = F_A = \frac{M}{l}, \quad M(x) = F_A x = \frac{M}{l}x$$

② CB 段 $(a \leqslant x \leqslant l)$，以右侧梁段为研究对象，有：

$$F_S(x) = F_B = \frac{M}{l}, \quad M(x) = -F_B(l-x) = -\frac{M}{l}(l-x)$$

（3）绘制剪力图和弯矩图：

根据 $F_S(x)$ 和 $M(x)$ 方程，绘制剪力图和弯矩图，如图 9-14b、c 所示。

由图可知：集中力偶不影响剪力图，但弯矩图在集中力偶作用处有突变，突变的绝对值等于该集中力偶矩的大小。假设 $a<b$，则弯矩的最大值 $M_{\max} = \dfrac{Ma}{l}$，且发生在集中力偶作用的稍左横截面上。

【例 9-7】 如图 9-15a 所示，简支梁的全梁上受到均布载荷 q 的作用，试列出剪力方程、弯矩方程并作剪力图和弯矩图。

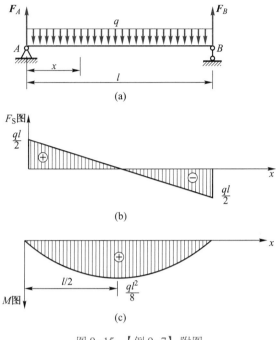

图 9-15　【例 9-7】附图

解：（1）求支座约束力：

由平衡方程得：$F_A = F_B = \dfrac{ql}{2}$。

（2）列剪力方程和弯矩方程：

取梁左端为原点，用一个距原点 x 的坐标代表横截面所在的位置，可写出整根梁的 $F_S(x)$ 和 $M(x)$ 方程。

$$F_S(x) = F_A - qx = \frac{ql}{2} - qx \,(0 \leqslant x \leqslant l)$$

$$M(x) = F_A x - qx\,\frac{x}{2} = \frac{ql}{2}x - \frac{q}{2}x^2 \,(0 \leqslant x \leqslant l)$$

（3）绘制剪力图和弯矩图：

根据 $F_S(x)$ 和 $M(x)$ 方程，绘制剪力图和弯矩图，如图 9-15b、c 所示。

该梁的剪力图与弯矩图有如下几个特点：

① 剪力图是一斜直线，如图 9-15b 所示。

当 $x = 0$ 时，$F_S = \dfrac{ql}{2}$；当 $x = l$ 时，$F_S = -\dfrac{ql}{2}$。

$F_S(x)$ 图在跨中处与 x 轴相交。

② 弯矩图是二次抛物线，如图 9-15c 所示。

当 $x = 0$ 时，$M = 0$；当 $x = l$ 时，$M = 0$。

在跨中处 $\left(x = \dfrac{l}{2}\right)$，得 $M_{\max} = \dfrac{ql^2}{8}$，即在 $F_S = 0$ 的横截面上出现最大弯矩。

9.3.3 运用微分关系法绘制剪力图和弯矩图

为了简捷、正确地绘制和校核剪力图及弯矩图，可建立剪力、弯矩与载荷集度之间的微分关系。

若梁上作用有任意分布的载荷 $q(x)$，规定向上为正，载荷集度是横截面位置 x 的函数。x 轴坐标原点取在梁的左端 A 处，在距横截面 x 处取一微段梁 $\mathrm{d}x$，如图 9-16a 所示。

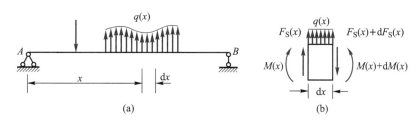

(a)　　　　　　　　　(b)

图 9-16　弯矩、剪力与分布载荷集度之间的微分关系

x 横截面上的剪力和弯矩为 $F_S(x)$ 和 $M(x)$。由于分布载荷的作用，在 $x+\mathrm{d}x$ 横截面上的剪力和弯矩有增量 $\mathrm{d}F_S(x)$ 和 $\mathrm{d}M(x)$，所以剪力为 $F_S(x)+\mathrm{d}F_S(x)$，弯矩为 $M(x)+\mathrm{d}M(x)$。因为 $\mathrm{d}x$ 很微小，作用在它上面的分布载荷可视为均布载荷。又由于整个梁是平衡的，该微段梁也处于平衡状态。则可列平衡方程 $\sum F_y=0$，$F_S(x)+q(x)\mathrm{d}x-[F_S(x)+\mathrm{d}F_S(x)]=0$，简化为：

$$q(x)\mathrm{d}x-\mathrm{d}F_S(x)=0，得：$$

$$\frac{\mathrm{d}F_S(x)}{\mathrm{d}x}=q(x) \tag{9-3}$$

式（9-3）表明：将剪力方程对 x 求导，可得到分布载荷的集度。因此，剪力图上某点切线的斜率就等于对应点的 $q(x)$ 值。

再由平衡方程：$\sum M_C=0$，$M(x)+F_S(x)\mathrm{d}x+q(x)\mathrm{d}x\dfrac{\mathrm{d}x}{2}-[M(x)+\mathrm{d}M(x)]=0$

略去高阶微量 $q(x)\dfrac{\mathrm{d}x^2}{2}$，并加以整理，便得：

$$\frac{\mathrm{d}M(x)}{\mathrm{d}x}=F_S(x) \tag{9-4}$$

将式（9-4）再对 x 求导，得：$\dfrac{\mathrm{d}^2M(x)}{\mathrm{d}x^2}=\dfrac{\mathrm{d}F_S(x)}{\mathrm{d}x}$，再将式（9-3）代入，得：

$$\frac{\mathrm{d}^2M(x)}{\mathrm{d}x^2}=q(x) \tag{9-5}$$

式（9-4）表明：将弯矩方程对 x 求导便得剪力方程。所以，弯矩图上某点的切线斜率等于对应横截面上的剪力值。如【例 9-7】中梁的跨中处横截面上的剪力 $F_S=0$，所以 $\dfrac{\mathrm{d}M(x)}{\mathrm{d}x}=0$，弯矩图在此点的切线为水平方向，弯矩取极值。

式（9-5）表明：将弯矩方程对 x 求二阶导数便得载荷集度。所以，弯矩图的凹凸方向由 $q(x)$ 的正负确定。如【例 9-7】中的分布载荷方向向下，$q<0$，所以 $\dfrac{d^2 M(x)}{dx^2}<0$，弯矩图是开口向上的抛物线。

式（9-3）～式（9-5）阐明了剪力、弯矩与载荷集度之间的关系。根据这个关系，对照上述例题，并设 x 轴向右为正，$q(x)$ 向上为正、向下为负，正的剪力画在 x 轴的上方，正的弯矩画在 x 轴的下方，便得各种形式载荷作用下的剪力图和弯矩图的基本规律如下：

（1）梁上某段无分布载荷作用，即 $q(x)=0$ 时。

由 $\dfrac{dF_S(x)}{dx}=q(x)=0$ 可知：该段梁的剪力图上各点切线的斜率为零，所以剪力图是一条平行于梁轴线的直线，$F_S(x)$ 为常数；又由 $\dfrac{dM(x)}{dx}=F_S(x)=C$（常量）可知：该段梁弯矩图线上各点切线的斜率为常量，所以弯矩图为斜直线。可能出现下列三种情况：

① $F_S(x)=C$ 且为正值时，M 图为一条下斜直线；

② $F_S(x)=C$ 且为负值时，M 图为一条上斜直线；

③ $F_S(x)=C$ 且为零时，M 图为一条水平直线。

（2）梁上某段有均布载荷，即 $q(x)=C$（常量）时。

由于 $\dfrac{dF_S(x)}{dx}=q(x)=C$，所以剪力图为斜直线。$q(x)>0$ 时（方向向上），直线的斜率为正，剪力图为上斜直线（与 x 轴正向夹角为锐角）；$q(x)<0$ 时（方向向下），直线的斜率为负，剪力图为下斜直线（与 x 轴正向夹角为钝角）。

再由 $\dfrac{dM(x)}{dx}=F_S(x)$，得 $F_S(x)$ 为变量，为一次线性函数，所以弯矩图为二次抛物线。若 $\dfrac{d^2 M(x)}{dx^2}=q(x)>0$，则 M 图为开口向下的抛物线，若 $q(x)<0$，则 M 图为开口向上的抛物线。

（3）在 $F_S=0$ 的横截面上（剪力图与 x 轴的交点代表的横截面），弯矩有极值（弯矩图的抛物线达到顶点）。

（4）在梁的集中力作用处，剪力图发生突变，突变值等于该集中力的大小。若从左向右作图，向下的集中力将引起剪力图向下突变，反之则向上突变。弯矩图由于切线斜率突变而发生转折，即出现尖角。

（5）在梁上集中力偶作用处，剪力图无变化，弯矩图发生突变，突变值等于该集中力偶矩的大小。

以上归纳总结的 5 条内力图的基本规律中，前两条反映了一段梁上内力图的形状，后三条反映了梁上某些特殊横截面的内力变化规律。

运用弯矩、剪力和载荷集度间的微分关系，结合上面总结的内力图基本规律，不仅可以快捷地检验剪力图与弯矩图绘制的正确与否，还可以根据作用在梁上的已知载荷，简便、快捷地绘制梁的剪力图和弯矩图，而不必列出剪力方程和弯矩方程。这种直接作内力图的方法称为**微分关系法**作图，又称为简捷作图法或控制截面法绘制内力图，是绘制梁的内力图的基本方法之一。其步骤如下：

（1）求解支座的约束力。

（2）对梁进行分段，根据集中力、集中力偶的作用截面、分布载荷的起止截面作为梁的分段截面。

（3）计算控制截面的内力值，一般控制截面是梁进行分段的分段截面。

（4）根据弯矩、剪力和载荷集度间的微分关系确定分段内力图的线形，逐段连线成图。

【例 9-8】 如图 9-17a 所示，外伸梁上所受载荷为：$q=4\,\text{kN/m}$，$F=20\,\text{kN}$，$l=4\,\text{m}$，试用微分关系法绘制剪力图和弯矩图。

解：（1）求解支座的约束力：

$$\sum M_B = 0，\quad q\times\frac{l}{2}\times\frac{l}{4}-F\times\frac{l}{2}+F_D\times l=0，\quad 得：F_D=8\,\text{kN}$$

$$\sum F_y = 0，\quad F_B+F_D-F-q\times\frac{l}{2}=0，\quad 得：F_B=20\,\text{kN}$$

（2）计算控制截面的内力值，绘制剪力图。

A 点处横截面：$F_S=0$

B 点处横截面左侧：$F_{SB}^L=-\dfrac{1}{2}ql=-8\,\text{kN}$

B 点处横截面右侧：$F_{SB}^R=-\dfrac{1}{2}ql+F_B=12\,\text{kN}$

C 点处横截面左侧：$F_{SC}^L=F_{SB}^R=12\,\text{kN}$

C 点处横截面右侧：$F_{SC}^R=-F_D=-8\,\text{kN}$

D 点处横截面：$F_{SD}^R=-F_D=-8\,\text{kN}$

本例中剪力图的各段图像都是直线或斜直线，因此，只需将相邻两个控制截面的剪力用直线相连就得到梁的剪力图，如图 9-17b 所示。

（3）计算控制截面的内力值，绘制弯矩图。

A 点处横截面：$M_A=0$

B 点处横截面：$M_B=-q\times\dfrac{l}{2}\times\dfrac{l}{4}=-\dfrac{1}{8}\times4\times4^2\,\text{kN}\cdot\text{m}=-8\,\text{kN}\cdot\text{m}$

C 点处横截面：$M_C=F_D\times\dfrac{l}{2}=8\times2\,\text{kN}\cdot\text{m}=16\,\text{kN}\cdot\text{m}$

D 点处横截面：$M_D=0$

AB 段梁上作用有分布载荷，因此弯矩图为开口向上的抛物线；BC 段、CD 段梁上无分布载荷，故弯矩图为斜直线。连接各控制截面弯矩值得弯矩图，如图 9-17c 所示。

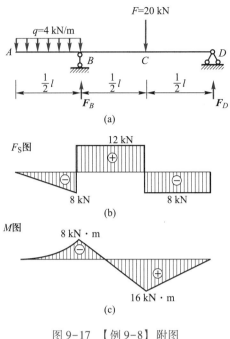

图 9-17 【例 9-8】附图

拓展知识 运用叠加法绘制弯矩图

1. 叠加原理

在小变形条件下，梁的支座约束力、内力、应力及变形等参数均与载荷呈线性关系，每一载荷单独作用引起的某一参数变化不受其他载荷的影响。所以梁在多个载荷共同作用时，所引起的某一参数的变化量，等于梁在各个载荷单独作用时引起该参数变化量的代数和，这种关系称为**叠加原理**。

2. 典型载荷的弯矩图叠加

利用叠加原理绘制弯矩图的方法为：先把梁上的复杂载荷分成几组简单的载荷，再分别绘制出各简单载荷单独作用下的弯矩图，在梁上每一控制截面处，将各简单弯矩图相应的纵坐标代数相加，就得到梁在复杂载荷作用下的弯矩图。

【例 9-9】 如图 9-18a 所示，试用叠加原理绘制简支梁的弯矩图。

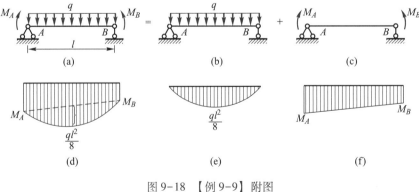

图 9-18 【例 9-9】附图

解：（1）将作用在梁上的载荷分成两组：均布载荷 q 和一对集中力偶（力偶矩为 m_A、m_B），如图 9-18b 和图 9-18c 所示。

（2）分别绘制均布载荷 q 单独作用的弯矩图和集中力偶作用下的弯矩图，如图 9-18e 和图 9-18f 所示。

（3）将均布载荷 q 单独作用的弯矩图和集中力偶作用下的弯矩图相应的纵坐标进行叠加，即得到总弯矩图，如图 9-18d 所示。

当梁上作用的载荷比较复杂时，采用叠加原理绘制弯矩图较为方便。特别是当载荷可以分解为几种常见的典型载荷，而且典型载荷的弯矩图已经熟练掌握时，采用叠加原理绘制会更加方便实用。绘制剪力图也可采用叠加原理，但因剪力图一般比较简单，所以叠加原理用得较少。

3. 运用区段叠加原理绘制弯矩图

绘制直杆中任一区段的弯矩图，以图 9-19a 中的区段 AB 为例，其隔离体如图 9-19b 所示。隔离体上的作用力除均布载荷 q 外，在杆端还有弯矩 M_A、M_B，剪力 F_{SA}、F_{SB}。为了说明区段 AB 弯矩图的特性，将它与图 9-19c 中的简支梁相比，该简支梁承受相同的载荷 q 和相同的杆端力偶 M_A、M_B，设简支梁的支座约束力为 F_A、F_B，则由平衡条件可知 $F_A = F_{SA}$，$F_B = -F_{SB}$。因此，二者的弯矩图相同，故可利用作简支梁弯矩图的方法来绘制直杆任一区段的弯矩图。从而也可采用叠加原理绘制弯矩图，如图 9-19d 所示。具体的绘制方法分为两步：先求出区段两端的弯矩纵坐标，并将这两端纵坐标的顶点用虚线相连；然后以此虚线为基线，将相应简支梁在均布载荷（或集中载荷）作用下的弯矩图叠加上去，

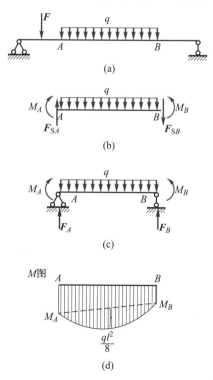

图 9-19　运用区段叠加原理绘制弯矩图

则最后所得的图线与原定基线之间所包含的图形，即为实际的弯矩图。由于它是在梁内某一区段上的叠加，故称为区段叠加原理。

利用上述关于内力图的特性和弯矩图的叠加原理，可将梁的弯矩图的一般绘制方法归纳如下：

（1）除悬臂梁外，一般应首先求出梁的支座约束力，选定外力的不连续点（如集中力作用点、集中力偶作用点、分布载荷的起点和终点、支座等）处的横截面为控制截面，求出控制截面的弯矩值，分段画弯矩图。

（2）当控制截面间无载荷时，根据控制截面的弯矩值，连成直线弯矩图；当控制截面间有载荷作用时，根据区段叠加原理绘制弯矩图。

【例 9–10】运用区段叠加原理绘制图 9–20a 所示梁的弯矩图。

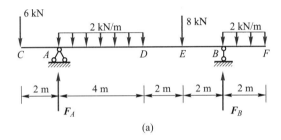

(a)

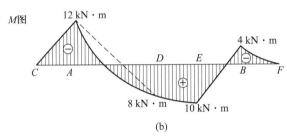

(b)

图 9–20　【例 9–10】附图

解：（1）求 A、B 两处支座的约束力：

$\sum M_A(\boldsymbol{F}) = 0$，　$6\,\text{kN} \times 2\,\text{m} - 2\,\text{kN/m} \times 4\,\text{m} \times 2\,\text{m} - 8\,\text{kN} \times 6\,\text{m} - 2\,\text{kN/m} \times 2\,\text{m} \times 9\,\text{m} + F_B \times 8\,\text{m} = 0$，　$F_B = 11\,\text{kN}$

$\sum M_B(\boldsymbol{F}) = 0$，　$6\,\text{kN} \times 10\,\text{m} + 2\,\text{kN/m} \times 4\,\text{m} \times 6\,\text{m} + 8\,\text{kN} \times 2\,\text{m} - 2\,\text{kN/m} \times 2\,\text{m} \times 1\,\text{m} - F_A \times 8\,\text{m} = 0$，　$F_A = 15\,\text{kN}$

（2）求控制截面弯矩：

$M_C = 0$

$M_A = -6\,\text{kN} \times 2\,\text{m} = -12\,\text{kN} \cdot \text{m}$

$M_D = -6\,\text{kN} \times 6\,\text{m} + 15\,\text{kN} \times 4\,\text{m} - 2\,\text{kN/m} \times 4\,\text{m} \times 2\,\text{m} = 8\,\text{kN} \cdot \text{m}$

$M_E = -2\,\text{kN/m} \times 2\,\text{m} \times 3\,\text{m} + 11\,\text{kN} \times 2\,\text{m} = 10\,\text{kN} \cdot \text{m}$

$M_B = -2\,\text{kN/m} \times 2\,\text{m} \times 1\,\text{m} = -4\,\text{kN} \cdot \text{m}$

$M_F = 0$

（3）将梁分成 CA、AD、DE、EB、BF 五段，用区段叠加原理画出弯矩图，如

图 9-20b 所示。

9.4　梁的正应力及正应力强度计算

在对梁进行强度计算时，除了确定梁在弯曲时横截面上的内力外，还需进一步研究梁横截面上的应力情况。剪力和弯矩是横截面上分布内力的合成结果，如图 9-21 所示，在一横截面上取一微面积 dS，由静力学关系可知，只有切向微内力 τdS 才能组成剪力，只有法向微内力 $R dS$ 才能组成弯矩，所以在横截面的某点上，一般情况下既有正应力 R，又有切应力 τ。本节仅讨论梁平面弯曲时横截面上的正应力。

课件 9.4

微课
弯曲时梁横截面上的正应力

梁的横截面上只有弯矩而剪力为零的平面弯曲称为**纯弯曲**，如图 9-22 所示梁的 *CD* 段；横截面上既有弯矩又有剪力的平面弯曲称为**横力弯曲**，如图 9-22 所示梁的 *AC* 和 *DB* 段。

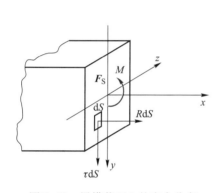

图 9-21　梁横截面上的应力分布

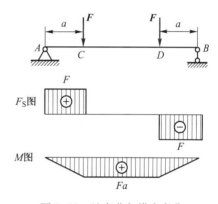

图 9-22　纯弯曲与横力弯曲

9.4.1　纯弯曲时梁横截面上的正应力

1. 试验现象

如图 9-23a 所示，取一根矩形截面梁，在中间段的表面画上纵向直线 a_1a_2、b_1b_2 和横向直线 mm、nn。在梁的两端施加一对力偶矩为 M 的力偶，使梁产生纯弯曲。此时可观察到梁在纯弯曲时的变形情况如图 9-23b 所示，其特点包括：

（1）纵向线变成圆弧线，靠近凹边的纵向线 $a_1'a_2'$ 缩短，靠近凸边的纵向线 $b_1'b_2'$ 伸长，中间位置的纵向线长度不变。

（2）横向线 $m'm'$ 和 $n'n'$ 仍为直线，两横向线间做相对转动，且仍与变形后的纵向线正交。

2. 假设及推理

研究纯弯曲时梁横截面上的应力时，可作如下的假设：

（1）平面假设。假设梁变形后的横截面仍保持平面，且与变形后梁的轴线正交。

（2）单向受力假设。假设梁是由一束纵向纤维组成的，每根纤维的变形只是轴向伸长

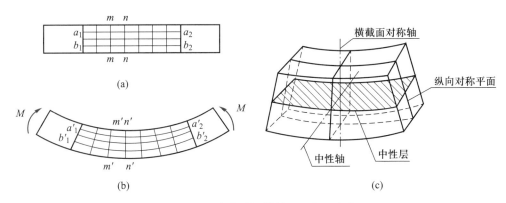

图 9-23　纯弯曲时梁横截面上的正应力

或缩短，且纤维相互间无挤压的作用。

由上述假设可得到如下的推论：

（1）变形后横截面与纵向线正交，即梁的纵、横截面上既无切应变，也无切应力。

（2）因纵向纤维有的伸长，有的缩短，故横截面上有正应力存在，且同一横截面上有的点为拉应力，有的点为压应力。

（3）由于中间纤维无伸缩，如图 9-23c 所示梁阴影线所在的层既不伸长也不缩短，称为**中性层**，中性层与横截面的交线称为**中性轴**。

3. 应力分布特点

用 1—1 和 2—2 两横截面、自图 9-24 所示的纯弯曲梁中截取 dx 微段梁来分析，如图 9-25 所示。令 y 轴为横截面对称轴，z 轴与横截面的中性轴重合，由平面假设可知：梁变形后两端面相对倾转了 $\mathrm{d}\theta$ 角，设中性层弧长 $\overset{\frown}{O_1O_2}$ 的曲率半径为 ρ，由于中性层纤维在变形后长度不变，则：

$$\overset{\frown}{O_1O_2} = \mathrm{d}x = \rho\mathrm{d}\theta$$

距中性层为 y 的纤维 b_1b_2 有：

$$\overset{\frown}{b_1b_2} = (\rho+y)\mathrm{d}\theta$$

由此得到 b_1b_2 在变形后的线应变为：

$$e = \frac{(\rho+y)\mathrm{d}\theta - \rho\mathrm{d}\theta}{\rho\mathrm{d}\theta} = \frac{y}{\rho}$$

由上式可知，同一横截面上各点的线应变与该点到中性轴的距离 y 成正比。再根据单向受力假设，若应力在材料的比例极限范围内，由胡克定律可知纯弯曲时横截面上任意一点的正应力与该点到中性轴的距离 y 成正比。

经上述分析可知：

（1）当梁发生纯弯曲时，横截面上只有正应力，没有切应力。

（2）以中性轴为界，一侧是拉应力，一侧为压

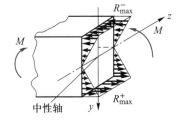

图 9-24　纯弯曲梁横截面上的应力

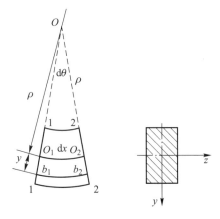

图 9-25　纯弯曲梁的变形

应力。

（3）正应力的大小与该点到中性轴的距离成正比，中性轴上各点的正应力为零，距中性轴越远的点，拉、压应力越大，最大值在距中性轴最远的边缘处。横截面上正应力的分布如图9-24所示。

4. 中性轴位置的确定

根据横截面上各点正应力代数和为零，即横截面上没有轴力的特点，可推定中性轴垂直横截面对称轴，且通过横截面的形心。

5. 弯曲正应力公式

经理论推导（略）可得到梁纯弯曲时横截面上正应力 R 的计算公式为：

$$R = \frac{M \cdot y}{I_z} \tag{9-6}$$

式（9-6）中，M 为横截面上的弯矩，y 为点到中性轴的距离，I_z 为横截面对中性轴 z 的**惯性矩**，其值由横截面的形状尺寸及中性轴的位置决定，单位为 mm^4。I_z 的表达式为：

$$I_z = \int_S y^2 \mathrm{d}S \tag{9-7}$$

横截面上的最大正应力发生在距中性轴最远的地方，其值为：

$$R_{max} = \frac{M \cdot y_{max}}{I_z} = \frac{M}{W_z} \tag{9-8}$$

式中，W_z 为**抗弯截面模量**，单位为 mm^3，W_z 的表达式为：

$$W_z = \frac{I_z}{y_{max}} \tag{9-9}$$

应用式（9-6）和式（9-8）时，应将弯矩 M 和坐标 y 的数值和正负号一并代入，若得出的 R 为正值，表示为拉应力；反之则为压应力。通常可以根据梁的变形情况直接判断 R 的正负：以中性轴为界，梁变形后靠近凸边一侧为拉应力，靠近凹边一侧为压应力。

式（9-6）的应用条件及范围如下：

（1）式（9-6）虽然是由矩形截面梁在纯弯曲条件下推导出来的，但也适用于以 y 轴为对称轴的其他形状截面的梁，如圆形、工字形和 T 形截面梁。

（2）经进一步分析证明：在横力弯曲（即剪力不为零）的情况下，当梁的跨度 l 与横截面高 h 之比 $l/h > 5$ 时，横截面上的正应力变化规律与纯弯曲时几乎相同，故式（9-6）仍然可用，误差很小。

（3）在推导式（9-6）过程中，应用了胡克定律，因此，当梁的材料不服从胡克定律或正应力超过材料的比例极限时，该式不适用。

（4）式（9-6）是等截面直梁在平面弯曲情况下推导出来的，因此不适用于非平面弯曲，也不适用于曲梁；若横截面形心连线（轴线）的曲率半径与横截面形心到最内缘距离之比大于10，则按式（9-6）计算时，误差不大，因此，式（9-6）也可近似地用于变截面梁。

9.4.2 简单形状截面的惯性矩及抗弯截面模量

在应用梁的弯曲正应力公式时，需预先计算出横截面对中性轴 z 的惯性矩 I_z 和抗弯截

面模量 W_z。显然，I_z 和 W_z 只与横截面的几何形状和尺寸有关，它反映了横截面的几何性质。

对于一些简单形状截面，如矩形、圆形等，其惯性矩可由定义式 $I_z = \int_S y^2 \mathrm{d}S$ 直接求得。表 9-1 给出了简单形状截面的惯性矩和抗弯截面模量，其中 C 为横截面形心，I_z 为横截面对 z 轴的惯性矩，I_y 为横截面对 y 轴的惯性矩。

表 9-1 简单形状截面的惯性矩和抗弯截面模量

图 形	形心轴位置	惯 性 矩	抗弯截面模量
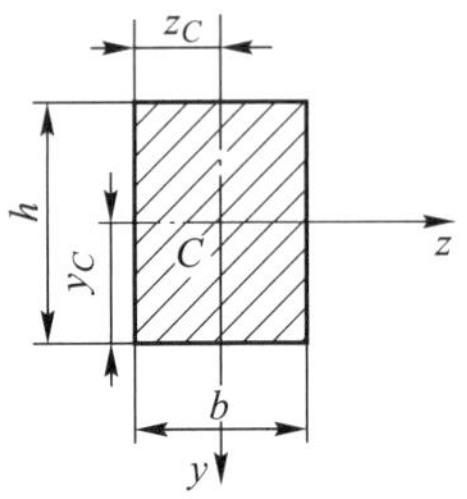	$z_C = \dfrac{b}{2}$ $y_C = \dfrac{h}{2}$	$I_z = \dfrac{bh^3}{12}$ $I_y = \dfrac{hb^3}{12}$	$W_z = \dfrac{bh^2}{6}$ $W_y = \dfrac{hb^2}{6}$
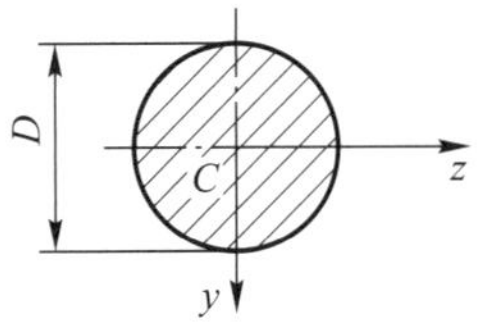	横截面圆心	$I_z = I_y = \dfrac{\pi D^4}{64}$	$W_z = W_y = \dfrac{\pi D^3}{32}$
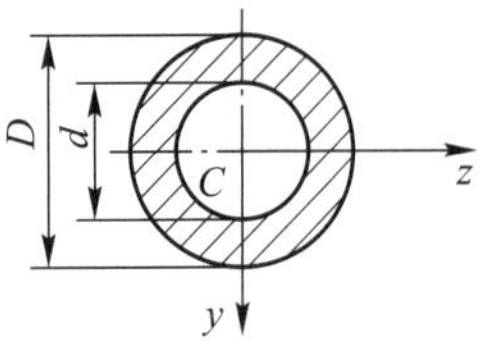	横截面圆心	$I_z = I_y = \dfrac{\pi D^4}{64}(1-\alpha^4)$ $\alpha = \dfrac{d}{D}$	$W_z = W_y = \dfrac{\pi D^3}{32}(1-\alpha^4)$ $\alpha = \dfrac{d}{D}$

【例 9-11】如图 9-26a 所示，简支梁的跨度 $l = 3\,\mathrm{m}$，其横截面为矩形，横截面宽度 $b = 120\,\mathrm{mm}$，横截面高度 $h = 200\,\mathrm{mm}$，受均布载荷 $q = 3.5\,\mathrm{kN/m}$ 的作用。

（1）求距离梁左端为 1 m 处横截面 C 上 a、b、c 三点的正应力。

（2）求梁上最大正应力值，并说明最大正应力发生的位置。

（3）绘制横截面 C 上正应力沿横截面高度的分布图。

解：（1）计算横截面 C 上 a、b、c 三点的正应力：

支座约束力及截面最大弯矩为：

$$F_{By} = 5.25\,\mathrm{kN}(\uparrow), \qquad F_{Ay} = 5.25\,\mathrm{kN}(\uparrow)$$

$$M_{\max} = \frac{ql^2}{8} = \frac{3.5 \times 3^2}{8}\,\mathrm{kN \cdot m} \approx 3.94\,\mathrm{kN \cdot m}$$

横截面 C 的弯矩为：

$$M_C = 5.25\,\mathrm{kN} \times 1\,\mathrm{m} - 3.5\,\mathrm{kN/m} \times 1\,\mathrm{m} \times 0.5\,\mathrm{m} = 3.5\,\mathrm{kN \cdot m}$$

矩形截面对中性轴 z 的惯性矩：

$$I_z = \frac{bh^3}{12} = \frac{120 \times 200^3}{12}\,\mathrm{mm^4} = 8 \times 10^7\,\mathrm{mm^4}$$

则 a、b、c 三点正应力为：

$$R_a = \frac{M_C \cdot y_a}{I_z} = \frac{3.5 \times 10^6 \times 100}{8 \times 10^7} \text{MPa} \approx 4.38 \text{ MPa （拉应力）}$$

$$R_b = \frac{M_C \cdot y_b}{I_z} = \frac{3.5 \times 10^6 \times 50}{8 \times 10^7} \text{MPa} \approx 2.19 \text{ MPa （拉应力）}$$

$$R_c = \frac{M_C \cdot y_c}{I_z} = -\frac{3.5 \times 10^6 \times 100}{8 \times 10^7} \text{MPa} \approx -4.38 \text{ MPa （压应力）}$$

（2）计算梁上最大正应力值，确定最大正应力发生的位置：

该梁为等截面梁，所以最大正应力发生在最大弯矩截面的上、下边缘处，其值为：

$$R_{\max} = \frac{M_{\max} \cdot y_{\max}}{I_z} = \frac{3.94 \times 10^6 \times 100}{8 \times 10^7} \text{MPa} \approx 4.93 \text{ MPa}$$

由于最大弯矩为正值，所以该梁在最大弯矩截面的上边缘处产生了最大压应力，下边缘处产生了最大拉应力。

（3）绘制横截面 C 上正应力沿横截面高度的分布图：

正应力沿横截面高度按直线规律分布，如图 9-26b 所示。

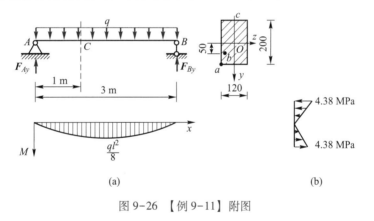

图 9-26 【例 9-11】附图

9.4.3　梁弯曲时正应力强度计算

为了从强度方面保证梁在使用中安全可靠，应使梁内的最大正应力不超过材料的许用正应力。对于等截面梁，弯矩最大的横截面为危险截面，横截面上距离中性轴最远的边缘处的各点为危险点，其最大正应力公式为：

$$R_{\max} = \frac{M_{\max} \cdot y_{\max}}{I_z} = \frac{M_{\max}}{W_z}$$

因此，梁的正应力强度条件为：

$$R_{\max} = \frac{M_{\max}}{W_z} \leqslant [R] \tag{9-10}$$

式（9-10）中，$[R]$ 为材料的许用弯曲正应力。

用脆性材料制成的梁，由于材料的抗拉与抗压性能不同，即 $[R_t] \neq [R_c]$，故采用上下不对称于中性轴的形状截面梁，如图 9-27 所示。此时，因横截面上下边缘到中性轴的距离不等，所以，同一个横截面有两个抗弯截面模量：

$$W_{z1} = \frac{I_z}{y_1} \qquad W_{z2} = \frac{I_z}{y_2}$$

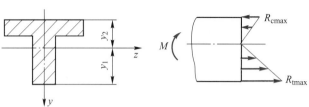

图 9-27　非对称梁的应力分布

应用式（9-10），可分别建立拉、压强度条件，解决梁的强度校核、设计截面尺寸和确定许用载荷等三类问题。

$$R_{tmax} = \frac{M_{max}}{W_{z1}} \leqslant [R_1]$$

$$R_{cmax} = \frac{M_{max}}{W_{z2}} \leqslant [R_y]$$

1. 强度校核

已知梁的材料、截面尺寸与形状（即许用弯曲正应力 $[R]$ 和抗弯截面模量 W_z 的值）及所受载荷（即弯矩 M 的值）的情况下，校核梁的最大正应力是否满足强度条件。即：

$$R_{max} = \frac{M_{max}}{W_z} \leqslant [R]$$

2. 设计截面尺寸

已知载荷和梁的材料（即弯矩 M 和许用弯曲正应力 $[R]$）时，根据强度条件，设计截面尺寸。将式（9-10）改写为：

$$W_z \geqslant \frac{M_{max}}{[R]}$$

求出 W_z 后，进一步根据梁的截面形状确定其尺寸。若采用型钢时，则可由技术手册查得该型钢的型号。

3. 确定许用载荷

已知梁的材料及截面尺寸（即许用弯曲正应力 $[R]$ 和抗弯截面模量 W_z 的值），根据强度条件确定梁的许用最大弯矩 M_{max}。将式（9-10）改写为：

$$[M_{max}] \leqslant [R] W_z$$

求出 $[M_{max}]$ 后，再根据平衡条件确定许用载荷的大小。

在进行上述各类计算时，为了保证既安全可靠又节约材料，设计规范还规定梁内的最大应力允许稍大于 $[R]$，但以不超过 $[R]$ 的 5% 为限。即：

$$\frac{R_{max} - [R]}{[R]} \leqslant 5\%$$

【例9-12】 如图9-28所示，No40a工字钢梁的自重 $q=676\,\text{N/m}$，$W_z=1090\,\text{cm}^3$，$S=86.1\,\text{cm}^2$，跨度 $l=8\,\text{m}$，其跨中受到集中力 $\boldsymbol{F}$ 的作用。已知许用弯曲正应力 $[R]=140\,\text{MPa}$，考虑梁的自重，试求：

（1）梁的许用载荷 $[F_1]$；

（2）若将梁改用与工字钢横截面面积相同的正方形截面，求梁的许用载荷 $[F_2]$。

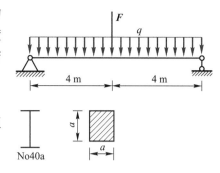

图9-28 【例9-12】附图

解：（1）按工字钢截面求许用载荷 $[F_1]$：

梁内最大弯矩在跨中横截面：

$$M_{\max}=\frac{1}{8}q\,l^2+\frac{1}{4}F_1 l=\frac{1}{8}\times676\,\text{N/m}\times8^2\,\text{m}^2+\frac{1}{4}\times F_1\times8\,\text{m}=5408\,\text{N}\cdot\text{m}+2\,\text{m}\times F_1$$

根据强度条件 $\qquad\qquad [M_{\max}]\leqslant[R]W_z$

$$5408\,\text{N}\cdot\text{m}+2\,\text{m}\times F_1\leqslant1090\times10^{-6}\,\text{m}^3\times140\times10^6\,\text{N/m}^2$$

解得 $\qquad\qquad\qquad\qquad [F_1]\approx73.6\,\text{kN}$

（2）采用正方形截面计算许用载荷 $[F_2]$

根据两个横截面面积相等的条件确定正方形截面的尺寸：

$$a=\sqrt{86.1\,\text{cm}^2}\approx9.28\,\text{cm}$$

正方形截面的抗弯截面模量：

$$W_z=\frac{a^3}{6}=\frac{9.28^3}{6}\,\text{cm}^3\approx133\,\text{cm}^3$$

根据强度条件：

$$[M_{\max}]\leqslant[R]W_z,\quad 5408\,\text{N}\cdot\text{m}+2\,\text{m}\times F_2\leqslant133\times10^{-6}\,\text{m}^3\times140\times10^6\,\text{N/m}^2$$

解得 $\qquad\qquad\qquad\qquad [F_2]\approx6.6\,\text{kN}$

通过本例计算可见：尽管两根梁的横截面面积完全相等，但它们截面形状不同时，其抗弯截面模量不等，因此抗弯能力也不同。工字钢梁的抗弯能力约为正方形钢梁的8.2倍 $\left(\dfrac{W_工}{W_正}=\dfrac{1090}{133}\right)$。由此可以看出，截面形状对梁抗弯能力的影响，所以工程上常用的钢梁不采用正方形钢而要轧制成型钢（如工字钢、槽钢等）。

9.5 梁的切应力及切应力强度计算

9.5.1 梁横截面上的切应力

梁在横力弯曲时，其横截面不仅有弯矩 M，还有剪力 $\boldsymbol{F}_S$ 作用，因而横截面上不仅有正应力 R，还有切应力 τ。对于跨度 l 比横截面高度 h 大得多的矩形和圆形截面梁，因其弯曲正应力比切应力大得多，因此其切应力可略去不计；但对于跨度较短且横截面较高的梁，以及一些薄臂梁或具有剪力较大的横截面，其切应力就不能被忽略。

一般情况下，切应力只是影响梁强度的次要应力，本节仅简单介绍几种常见形状截面梁的切应力分布及其最大切应力公式。

由弹性力学的分析结果知，剪力 F_S 在横截面上分布时，可得到切应力计算公式为：

$$\tau = \frac{F_S \cdot S_z^*}{I_z \cdot b} \qquad (9\text{--}11)$$

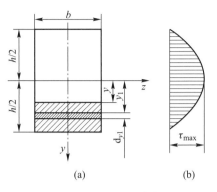

图 9-29   切应力分布

式（9-11）中，τ 表示横截面上距离中性轴为 y 处的切应力，单位为 MPa；F_S 表示该横截面的剪力，单位为 N；b 表示横截面上距中性轴为 y 处的横截面宽度，单位为 mm；I_z 表示整个横截面对中性轴的惯性矩，单位为 mm^4；S_z^* 表示距离中性轴为 y 处外侧部分面积（图 9-29a 阴影部分）对中性轴的静矩，单位为 mm^3。

1. 矩形截面梁横截面上的切应力

现以矩形截面梁为例，如图 9-29a 所示，说明 τ 沿横截面高度的变化规律及最大切应力的作用位置。取一高为 h，宽为 b 的矩形截面，求距中性轴为 y 处的切应力 τ。

首先，求出距离中性轴为 y 处外侧部分面积对中性轴的静矩 S_z^*，取微面积 $\mathrm{d}S = b\mathrm{d}y$，可得：

$$S_z^* = \int_{S^*} y\mathrm{d}S = \int_y^{\frac{h}{2}} yb\mathrm{d}y = \frac{b}{2}\left(\frac{h^2}{4} - y^2\right)$$

代入式（9-11）得：

$$\tau = \frac{F_S}{2I_z}\left(\frac{h^2}{4} - y^2\right)$$

由此可见：切应力的大小沿矩形截面的高度按二次曲线（抛物线）规律分布，如图 9-29b 所示。当 $y = \pm\frac{h}{2}$ 时，即在横截面上、下边缘的各点处切应力 $\tau = 0$；越靠近中性轴处切应力越大，当 $y = 0$ 时，即在中性轴上各点处，其切应力达到最大值，即：

$$\tau_{\max} = \frac{F_S \cdot h^2}{8I_z} = \frac{3F_S}{2b \cdot h} = \frac{3F_S}{2S}$$

所以，

$$\tau_{\max} = \frac{3}{2}\frac{F_S}{S} \qquad (9\text{--}12)$$

可见，矩形截面的最大切应力是横截面平均切应力 $\left(\dfrac{F_S}{S}\right)$ 的 1.5 倍。

2. 工字形截面梁横截面上的切应力

工字形截面是由上、下两翼板和中间的腹板组合而成的。因腹板是矩形，故腹板上各点处的切应力仍可用式（9-11）计算。通过与矩形截面同样的分析可知：切应力沿腹板高度按抛物线规律分布，如图 9-30 所示。在中性轴上，切应力最大；在腹板与翼板的交界处，切应力与最大切应力相差不多，接近均匀分布。至于翼板上的切应力，则情况较为复杂，切应力数值很小，一般不考虑。由理论分析可知：工字形截面的腹板上几乎承受了横截面上 95% 左右的切应力，而且腹板上的切应力又接近于均匀分布，故可近似得出工字形截面最大切应力的计算公式：

$$\tau_{max} = \frac{F_S}{b \cdot h_1} \tag{9-13}$$

式（9-13）中，b 为腹板宽度；h_1 为腹板高度。

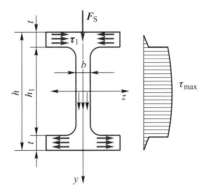

图 9-30　工字形截面梁横截面上的切应力分布

3. 圆形或圆环形截面梁横截面上的切应力

经计算可知，圆形或圆环形截面的最大切应力仍发生在中性轴上，如图 9-31 和图 9-32 所示。

圆形截面的最大切应力值为：
$$\tau_{max} = \frac{4}{3} \frac{F_S}{S} \tag{9-14}$$

圆环形截面的最大切应力值为：
$$\tau_{max} = 2 \frac{F_S}{S} \tag{9-15}$$

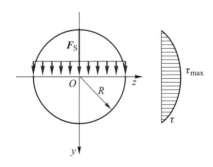

图 9-31　圆形截面梁横截面上的
切应力分布

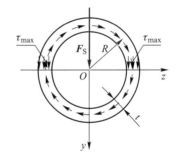

图 9-32　圆环截面梁横截面上的
切应力分布

综合上述各种形状截面梁的弯曲最大切应力，写成一般公式为：

$$\tau_{max} = k \frac{F_S}{S} \tag{9-16}$$

即最大切应力为横截面的平均切应力乘以系数 k，不同形状截面的 k 值不同：矩形截面，$k=3/2$；工字形截面，$k=1$；圆形截面，$k=4/3$；圆环形截面，$k=2$。

【例 9-13】如图 9-33 所示的矩形截面简支梁，在跨中处受集中力 $F=40\,kN$ 的作用，

已知 $l = 10\,\text{m}$，$b = 100\,\text{mm}$，$h = 200\,\text{mm}$，试求：

（1）$m—m$ 横截面上 $y = 50\,\text{mm}$ 处的切应力。

（2）试比较梁中的最大正应力和最大切应力。

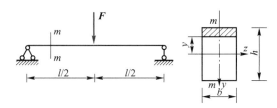

图 9-33 【例 9-13】附图

解：（1）求支座的约束力：$\qquad F_A = F_B = \dfrac{F}{2}$

因此，$m—m$ 截面上的剪力为：$F_S = \dfrac{F}{2} = 20\,\text{kN}$

横截面对中性轴的惯性矩 I_z 和图中阴影部分面积对中性轴的静矩 S_z^* 分别为：

$$I_z = \frac{bh^3}{12} = \frac{100 \times 200^3}{12}\,\text{mm}^4 \approx 6.67 \times 10^7\,\text{mm}^4$$

$$S_z^* = \frac{b}{2}\left(\frac{h^2}{4} - y^2\right) = \frac{100}{2} \times \left(\frac{200^2}{4} - 50^2\right)\,\text{mm}^3 = 3.75 \times 10^5\,\text{mm}^3$$

$m—m$ 截面上 $y = 50\,\text{mm}$ 处的切应力：

$$\tau = \frac{F_S \cdot S_z^*}{I_z \cdot b} = \frac{20 \times 10^3 \times 3.75 \times 10^5}{6.67 \times 10^7 \times 100}\,\text{MPa} = 1.12\,\text{MPa}$$

（2）比较梁跨中横截面的 R_{max} 和 τ_{max}：

$$F_{S\,max} = 20\,\text{kN}, \qquad M_{max} = \frac{1}{4}F \cdot l = \frac{1}{4} \times 40 \times 10\,\text{kN} \cdot \text{m} = 100\,\text{kN} \cdot \text{m}$$

跨中横截面上的最大正应力为：

$$R_{max} = \frac{M_{max}}{W_z} = \frac{100 \times 10^6}{\dfrac{1}{6} \times 100 \times 200^2}\,\text{MPa} = 150\,\text{MPa}$$

跨中横截面上的最大切应力为：

$$\tau_{max} = \frac{3}{2}\frac{F_{S\,max}}{S} = \frac{3 \times 20 \times 10^3}{2 \times 100 \times 200}\,\text{MPa} = 1.5\,\text{MPa}$$

所以 $\qquad\qquad\qquad\qquad \dfrac{R_{max}}{\tau_{max}} = \dfrac{150}{1.5} = 100$

由此可以看出，梁跨中横截面上的最大正应力比最大切应力大得多，所以，有时在校核实体梁的强度时，可以忽略剪力的影响。

9.5.2   梁的切应力强度条件

为了梁不发生切应力强度破坏，应使梁在弯曲时所产生的最大切应力不超过材料的许用切应力。梁的切应力强度条件表达式为：

$$\tau_{max} \leq [\tau] \tag{9-17}$$

在梁的强度计算中，必须同时满足弯曲正应力强度条件和切应力强度条件。但在一般情况下，满足了正应力强度条件后，切应力强度条件都能满足，故通常只需按正应力强度条件进行计算。但在下列几种情况时，仍需做切应力强度校核：

（1）梁的最大剪力很大，而最大弯矩较小。如梁的跨度较小而载荷很大，或在支座附近有较大的集中力作用等情况。

（2）梁为组合截面钢梁。如工字形截面，当其腹板的宽度与梁的高度之比小于型钢截面的相应比值时，应进行切应力强度校核。

（3）梁为木梁。木材在两个方向上的性质差别很大，顺纹方向的抗剪能力较差，横力弯曲时可能使木梁沿中性层被剪切破坏，所以需对木梁做切应力强度校核。

需要指出的是：梁横截面上离中性轴最远的上、下边缘处各点有最大正应力而切应力为零；在中性轴处各点有最大的切应力而正应力为零，横截面上其余各点既有正应力又有切应力。

【例 9-14】 如图 9-34 所示的简支梁，已知 $F = 60\,kN$，$l = 2\,m$，$a = 0.2\,m$，材料的许用应力 $[R] = 140\,MPa$，$[\tau] = 80\,MPa$，试选择工字钢型号。

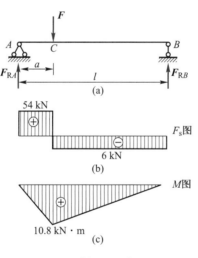

图 9-34 【例 9-14】附图

解：（1）绘制 AB 梁的剪力图和弯矩图，如图 9-34b、c 所示。

$$F_{Smax} = 54\,kN, \quad M_{max} = 10.8\,kN \cdot m$$

（2）按正应力强度条件初选工字形截面型号：

$$W_z = \frac{M_{max}}{[R]} = \frac{10.8 \times 10^6}{140}\,mm^3 \approx 77.1 \times 10^3\,mm^3$$

查型钢表选用 No12.6 工字钢，其截面几何参数为：

$$W_z = 77.529 \times 10^3\,mm^3, \quad I_z : S_z = 10.8\,cm, \quad b = 5.0\,mm$$

（3）按切应力强度条件校核：

$$\tau_{max} = \frac{F_{Smax} \cdot S_{zmax}^*}{I_z \cdot b} = \frac{54 \times 10^3}{10.8 \times 10 \times 5} \, \text{MPa} = 100 \, \text{MPa} > [\tau]$$

故选 No12.6 工字钢不能满足切应力强度条件。

（4）重新选择大一号的工字钢型号。选用 No14 工字钢，查型钢表得：

$$I_z : S_z = 12 \, \text{cm}, \quad b = 5.5 \, \text{mm}$$

$$\tau_{max} = \frac{54 \times 10^3}{12 \times 10 \times 5.5} \, \text{MPa} \approx 81.8 \, \text{MPa}, \quad \frac{\tau_{max} - [\tau]}{[\tau]} = \frac{81.8 - 80}{80} = 0.0225 = 2.25\%$$

虽然最大切应力超过了许用切应力的 2.25%，但工程中偏差在 5% 以内是被允许的，所以，可以选择 No14 工字钢。

9.6   提高梁弯曲强度的措施

要想保证梁能正常工作，提高强度，就必须设法降低工作应力（内力）和提高材料的许用应力。而提高材料的许用应力，就需选择造价较高的优质材料，这样会增加经济成本。

因此，降低工作应力是提高构件承载能力的主要目标。为使梁达到既经济又安全的要求，采用的材料量应较少且价格便宜，同时梁又需具有较高的强度。由于弯曲正应力是控制梁强度的主要因素，所以由 $R_{max} = \dfrac{|M_{max}|}{W_z}$ 不难看出，提高梁强度的措施是：降低 $|M_{max}|$ 的数值，提高 W_z 的数值并充分利用材料的性能。

1. 降低最大弯矩的数值

（1）合理布置载荷的位置。

如图 9-35 所示，简支梁在跨中处受到集中载荷 F 的作用，若在梁的中部增设一辅助梁，使 F 通过辅助梁再作用于简支梁，即可使梁的最大弯矩降低一半。

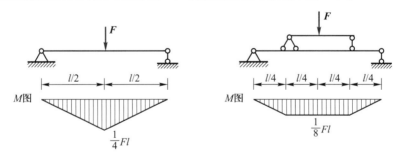

图 9-35   合理布置载荷的位置

（2）合理布置支座的位置。

如图 9-36 所示，简支梁受均布载荷的作用，最大弯矩在跨中处，其值为 $\dfrac{ql^2}{8}$。若将两端支座向内移动 $0.2l$，最大弯矩值为 $\dfrac{ql^2}{40}$，仅为原来的 20%，这样在设计时可以相应地降低梁的最大弯矩。

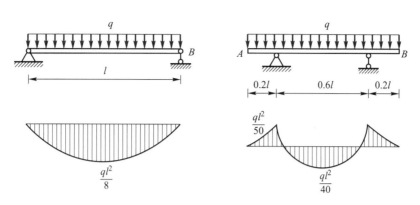

图 9-36 合理布置支座的位置

2. 选用合理的截面

梁的合理截面应该是横截面面积 S 尽量小（即少用材料），而抗弯截面模量 W_z 尽量大。因此，选择合理截面时，可采取以下几点措施。

（1）选择合适的形状截面。

从弯曲正应力的分布规律来看，中性轴上的正应力为零，离中性轴越远正应力越大。因此，在圆形、矩形、工字形三种截面中，圆形截面的很大一部分材料接近中性轴，没有充分发挥作用，显然是不经济的；而工字形截面则相反，很大一部分材料远离中性轴，较充分地发挥了承载作用。也就是说，对于面积相等而形状不同的截面，工字形截面最为合理，圆形截面效果最差。所以钢结构中的抗弯构件常采用工字形、箱形截面等。

从抗弯截面模量 W_z 考虑，应在横截面面积相等的条件下，使抗弯截面模量尽可能增大，当横截面面积一定时，W_z 值越大越有利。通常用抗弯截面模量 W_z 与横截面面积 S 的比值 W_z/S 来衡量各种形状截面梁的合理性和经济性。表 9-2 中列出了几种常见截面的 W_z/S 值。由表 9-2 可知，槽形截面和工字形截面更为合理。

表 9-2 常见截面的 W_z/S 值

截面形状	矩形	圆形	空心圆	工字形	槽形
W_z/S	$0.167h$	$0.125h$	$0.205h$	$(0.27\sim0.31)h$	$(0.27\sim0.31)h$

（2）使截面的形状与材料性能相适应。

经济性好的截面应该是横截面上的最大拉应力和最大压应力同时达到材料的许用应力。对于抗拉和抗压强度相等的塑性材料，宜采用对称于中性轴的形状截面，如空心圆形、工字形等；对于抗压强度大于抗拉强度的脆性材料，一般采用非对称形状截面，使中性轴偏向强度较低一侧（或中性轴靠近受拉一侧）的形状截面，如 T 形（图 9-37）和槽型等。

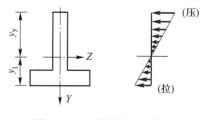

图 9-37 T 形梁的应力分布

（3）选择恰当的放置方式。

当横截面的面积和形状相同时，横截面放置的方式不同，抗弯截面模量 W_z 也不同。

如图 9-38 所示，矩形梁（$h>b$）沿长边立放时 $W_{z立}=\dfrac{bh^2}{6}$，平放时 $W_{z平}=\dfrac{hb^2}{6}$，两者之比为

$\dfrac{W_{z立}}{W_{z平}}=\dfrac{h}{b}>1$。由此可见，矩形截面长边立放比平放合理。

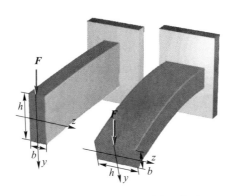

图 9-38   矩形梁的不同放置方式

3. 采用等强度梁

一般情况下，梁各横截面上的弯矩并不相等，而横截面尺寸是按最大弯矩来确定的。因此对于等截面梁而言，除了危险截面以外，其余横截面上的最大应力都未达到许用应力，材料未得到充分利用。为了节省材料，就应按各横截面上的弯矩来设计各横截面的尺寸，使横截面尺寸随弯矩的变化而变化，即为变截面梁。此时，各横截面上的最大正应力都达到许用应力的梁称为**等强度梁**。

假设梁在任意横截面上的弯矩为 $M(x)$，横截面的抗弯截面模量为 $W(x)$，根据等强度梁的要求，应有：

$$R_{max}=\frac{M(x)}{W(x)}=[R]$$

即

$$W(x)=\frac{M(x)}{[R]}$$

根据弯矩的变化规律，由上式就能确定等强度梁的横截面变化规律。

如图 9-39 所示的阶梯轴、薄腹梁和鱼腹式吊车梁，都是近似地按等强度原理设计的。

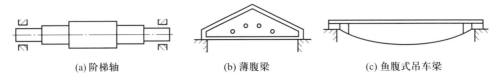

(a) 阶梯轴   (b) 薄腹梁   (c) 鱼腹式吊车梁

图 9-39   等强度原理的应用

从强度的观点来看，等强度梁最为经济、最能充分发挥材料的潜能，是一种非常理想的梁，但是从实际应用情况分析，这种梁的制作比较复杂，会给施工带来一些困难。因此，综合考虑强度和施工两种因素，它并不是最经济合理的梁。在工程中，通常是采用形

状比较简单又便于加工制作的变截面梁来代替等强度梁，如图 9-39 所示的鱼腹式吊车梁、图 9-40 所示的雨篷挑梁或阳台等。

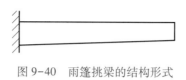

图 9-40　雨篷挑梁的结构形式

9.7　弯曲变形

受弯构件除了应满足强度要求外，通常还要满足刚度的要求，以防止构件出现过大的变形，保证构件能够正常工作。如楼面梁变形过大时，会使下面的抹灰层开裂、脱落；吊车梁的变形过大时，会影响吊车的正常运转。因此，在设计受弯构件时，应根据不同的工作要求，将构件的变形限制在一定的范围内。此外，在求解超静定梁的问题时，也需要考虑梁的变形条件。

研究梁的变形，首先需讨论如何度量和描述弯曲变形。图 9-41 所示为一具有纵向对称平面的梁（以轴线 AB 表示），xy 坐标系在梁的纵向对称平面内。在载荷 F 的作用下，梁产生弹性弯曲变形，轴线 AB 在 xy 平面内变成一条光滑连续的平面曲线 AB'，该曲线称为**挠曲线**（或弹性挠曲线）。

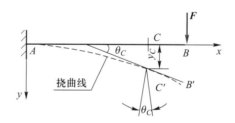

图 9-41　梁的弯曲变形

梁发生弯曲变形时，横截面上一般同时存在弯矩和剪力两种内力。理论计算证明：细长梁由剪力引起的变形远小于由弯矩引起的变形，前者可忽略不计，通常情况下，只计算弯矩引起的变形。

9.7.1　挠度与转角

梁的弯曲变形是用挠度和转角来度量的。

1. 挠度

弯曲变形时，梁轴线上任意一点（即横截面的形心）产生垂直于梁原来轴线方向的线位移称为**挠度**，用符号 y 表示，如图 9-41 所示的 C 处横截面的挠度为 y_C。挠度的单位与长度单位一致。挠度与坐标轴 y 轴的正方向一致时为正；反之为负。规定 y 轴正向向下，即按图 9-41 所示的坐标系，向下的挠度为正。

2. 转角

梁弯曲变形时，横截面还将绕其中性轴转过一定的角度，即产生角位移，梁上任一横截面绕其中性轴转过的角度称为该横截面的**转角**，用符号 θ 表示，单位为 rad，规定顺时针转向为正；反之为负。如图 9-41 所示的 C 处横截面的转角为 θ_C。

要注意的是：挠度是指梁上一个点（各横截面）垂直于梁轴线的线位移，而转角是指整个横截面绕中性轴旋转的角度。

3. 挠度与转角的关系

挠度 y 和转角 θ 随横截面的位置 x 的变化而变化，即 y 和 θ 都是 x 的函数。梁的挠曲线可用函数关系式，即**挠曲线方程**来表示，挠曲线方程的一般形式为：

$$y = f(x) \tag{9-18}$$

由微分学可知，挠曲线上任意一点的切线斜率 $\tan\theta$ 等于该曲线函数 $y = f(x)$ 在该点的一阶导数，即：

$$\tan\theta = \frac{\mathrm{d}y}{\mathrm{d}x} = y'$$

因工程中构件常见的 θ 值很小，$\tan\theta \approx \theta$，则有：

$$\theta = \frac{\mathrm{d}y}{\mathrm{d}x} = y' \tag{9-19}$$

即梁上任一横截面的转角等于该横截面的挠度 y 对 x 的一阶导数。

9.7.2　运用积分法求解梁的弯曲变形

1. 挠曲线的近似微分方程

为了得到挠度方程和转角方程，首先需拟定一个描述弯曲变形的基本方程——挠曲线的近似微分方程。弯曲变形挠曲线的曲率表达式为：

$$\frac{1}{\rho(x)} = \frac{M(x)}{EI} \tag{9-20}$$

式（9-20）为研究梁弯曲变形的基本公式，用来计算梁弯曲变形后中性层（或梁轴线）的曲率半径 ρ。该式表明：中性层的曲率 $\frac{1}{\rho}$ 与弯矩 M 成正比，与 EI 成反比。EI 称为梁的**抗弯刚度**，它反映了梁抵抗弯曲变形的能力。

从几何方面来看，挠曲线上任意一点的曲率有如下表达式，即：

$$\frac{1}{\rho(x)} = \pm\frac{\dfrac{\mathrm{d}^2 y}{\mathrm{d}x^2}}{\left[1 + \left(\dfrac{\mathrm{d}y}{\mathrm{d}x}\right)^2\right]^{\frac{3}{2}}}$$

小变形时，梁的挠曲线很平缓，$\dfrac{\mathrm{d}y}{\mathrm{d}x}$ 是很微小的量，所以可以忽略高阶微量 $\left(\dfrac{\mathrm{d}y}{\mathrm{d}x}\right)^2$，再结合式（9-20），可得：

$$\pm\frac{\mathrm{d}^2 y}{\mathrm{d}x^2} = \frac{M(x)}{EI}$$

式中的正负号取决于所选坐标轴的方向。

在图 9-42 所示的坐标系中，根据本书对弯矩正负号的规定可知：上式两端的正负号始终相反，所以：

$$\frac{\mathrm{d}^2 y}{\mathrm{d}x^2} = -\frac{M(x)}{EI} \tag{9-21}$$

式（9-21）称为梁弯曲时挠曲线的**近似微分方程**，它是计算梁弯曲变形的基本公式。

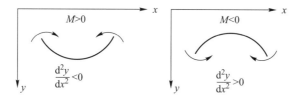

图 9-42　弯矩的正负与挠曲线的微分关系

2. 用积分法求梁的变形

对于等截面梁，EI＝常数，式（9-21）可改写为：

$$EIy'' = -M(x)$$

积分一次得：

$$EI\theta = EIy' = -\int M(x)\,\mathrm{d}x + C \tag{9-22}$$

再积分一次，即得：

$$EIy = -\iint M(x)\,\mathrm{d}x + Cx + D \tag{9-23}$$

式（9-22）、式（9-23）中的积分常数 C 和 D，可通过梁的边界条件来决定。边界条件包括两种情况：一是梁上某些横截面的已知位移条件，如铰链支座处的横截面上 $y=0$，固定端的横截面 $\theta=0$、$y=0$；二是根据整个挠曲线的光滑及连续性，得到各段梁交界处的变形连续条件。

【**例 9-15**】如图 9-43 所示的悬臂梁 AB 受均布载荷 q 作用，已知梁长 l，抗弯刚度为 EI，试求最大的横截面转角及挠度。

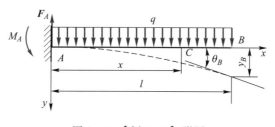

图 9-43　【例 9-15】附图

解： 以梁左端 A 为原点，取坐标系如图 9-43 所示。

（1）求固定端 A 处的约束力：

由平衡方程可得：

$$F_A = ql \, , \quad M_A = \frac{1}{2}ql^2$$

（2）列弯矩方程：

在距原点 x 处取横截面，列出弯矩方程为：

$$M(x) = -M_A + F_A x - \frac{1}{2}qx^2 = -\frac{1}{2}ql^2 + qlx - \frac{1}{2}qx^2$$

（3）列挠曲线的近似微分方程，并进行积分。

挠曲线的近似微分方程为：

$$EIy'' = -M(x) = \frac{1}{2}ql^2 - qlx + \frac{1}{2}qx^2$$

两次积分得：

$$EIy' = \frac{1}{2}ql^2 x - \frac{1}{2}qlx^2 + \frac{1}{6}qx^3 + C$$

$$EIy = \frac{1}{4}ql^2 x^2 - \frac{1}{6}qlx^3 + \frac{1}{24}qx^4 + Cx + D$$

（4）确定积分常数：

由悬臂梁固定端边界条件可知，该横截面的转角和挠度均为零，即在 $x=0$ 处，$\theta_A = 0$，$y'_A = 0$，$y_A = 0$。将两边界条件代入，得 $C=0$，$D=0$。

（5）确定转角方程和挠度方程：

将得出的积分常数 C、D 代入，可得转角方程和挠度方程。

$$EIy' = \frac{1}{2}ql^2 x - \frac{1}{2}qlx^2 + \frac{1}{6}qx^3$$

$$EIy = \frac{1}{4}ql^2 x^2 - \frac{1}{6}qlx^3 + \frac{1}{24}qx^4$$

（6）求最大转角和最大挠度：

由图 9-43 可知，在自由端 B 处的横截面有最大转角和最大挠度。

将 $x=l$ 代入上式，可得：

$$\theta_{B\max} = \frac{ql^3}{6EI} \, , \quad y_{B\max} = \frac{ql^4}{8EI}(\downarrow)$$

9.7.3   运用叠加原理求解梁的弯曲变形

简单载荷作用下梁的挠度和转角见表 9-3。

表 9-3   简单载荷作用下梁的挠度和转角

序号	梁的形式与载荷	挠曲线方程	端截面转角	挠度
1	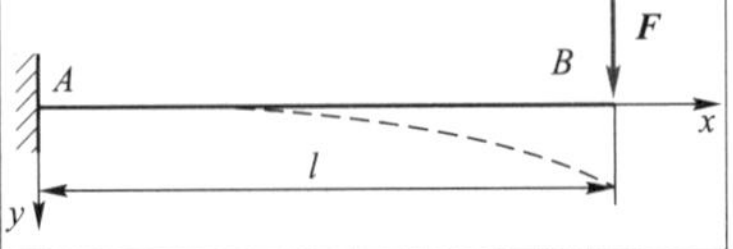	$y = \dfrac{Fx^2}{6EI}(3l-x)$	$\theta_B = \dfrac{Fl^2}{2EI}$	$y_B = \dfrac{Fl^3}{3EI}$

序号	梁的形式与载荷	挠曲线方程	端截面转角	挠度
2		$y=\dfrac{Fx^2}{6EI}(3a-x)$ $(0\leqslant x\leqslant a)$ $y=\dfrac{Fa^2}{6EI}(3x-a)$ $(a\leqslant x\leqslant l)$	$\theta_B=\dfrac{Fa^2}{2EI}$	$y_B=\dfrac{Fa^2}{6EI}(3l-a)$
3		$y=\dfrac{qx^2}{24EI}$ $(6l^2+x^2-4lx)$	$\theta_B=\dfrac{ql^3}{6EI}$	$y_B=\dfrac{ql^4}{8EI}$
4.		$y=\dfrac{Mx^2}{2EI}$	$\theta_B=\dfrac{Ml}{EI}$	$y_B=\dfrac{Ml^2}{2EI}$
5		$y=\dfrac{Mx^2}{2EI}(0\leqslant x\leqslant a)$ $y=\dfrac{Ma}{EI}\left(\dfrac{a}{2}-x\right)$ $(a\leqslant x\leqslant l)$	$\theta_B=\dfrac{Ma}{EI}$	$y_B=\dfrac{Ma}{2EI}\left(l-\dfrac{a}{2}\right)$
6		$y=\dfrac{Fx}{48EI}(3l^2-4x^2)$ $(0\leqslant x\leqslant l)$	$\theta_A=-\theta_B=\dfrac{Fl^2}{16EI}$	$y_C=\dfrac{Fl^3}{48EI}$
7		$y=\dfrac{Fbx}{6lEI}(l^2-x^2-b^2)$ $(0\leqslant x\leqslant l)$ $y=\dfrac{F}{EI}\left[\dfrac{b}{6l}(l^2-b^2-x^2)x\right.$ $\left.+\dfrac{1}{6}(x-a)^3\right]$ $(0\leqslant x\leqslant l)$	$\theta_A=\dfrac{Fab(l+b)}{6lEI}$ $\theta_B=-\dfrac{Fab(l+b)}{6lEI}$	若 $a>b$ $y_C=\dfrac{Fb}{48EI}(3l^2-4b^2)$ $y_{max}=\dfrac{Fb}{9\sqrt{3}lEI}(l^2-b^2)^{\frac{1}{2}}$ y_{max} 在 $x=\dfrac{1}{3}\sqrt{l^2-b^2}$ 处
8		$y=\dfrac{qx}{24EI}(l^3-2lx^2+x^3)$	$\theta_A=-\theta_B=\dfrac{ql^3}{24EI}$	$y_C=\dfrac{5ql^4}{384EI}$
9		$y=\dfrac{Mx}{6lEI}(l^2-x^2)$	$\theta_A=\dfrac{Ml}{6EI}$ $\theta_B=-\dfrac{Ml}{3EI}$	$y_C=\dfrac{Ml^2}{16EI}$ $y_{max}=\dfrac{Ml^2}{9\sqrt{3}EI}$ y_{max} 在 $x=\dfrac{1}{\sqrt{3}}$ 处

续表

序号	梁的形式与载荷	挠曲线方程	端截面转角	挠度
10	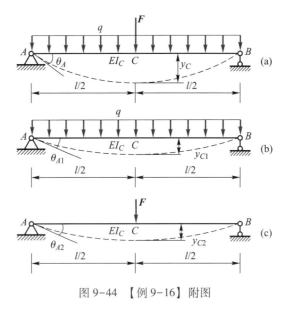	$y=-\dfrac{Mx}{6lEI}(l^2-3b^2-x^2)$ $(0\leq x\leq a)$ $y=-\dfrac{M(l-x)}{6lEI}(3a^2-2lx+x^2)$ $(a\leq x\leq l)$	$\theta_A=-\dfrac{M}{6lEI}$ (l^2-3b^2) $\theta_B=-\dfrac{M}{6lEI}$ (l^2-3a^2) $\theta_C=-\dfrac{M}{6lEI}$ $(l^2 3a^2-3b^2)$	$y_{1max}=\dfrac{M}{9\sqrt{3}lEI}(l^2-3b^2)^{\frac{3}{2}}$ （发生在 $x=\sqrt{\dfrac{l^2-3b^2}{3}}$ 处） $y_{2max}=\dfrac{M}{9\sqrt{3}lEI}(l^2-3a^2)^{\frac{3}{2}}$ （发生在 $x=\sqrt{\dfrac{l^2-3a^2}{3}}$ 处）

在梁上有多个载荷作用时，由于是小变形，梁上各点的水平位移可忽略不计，并且认为两支座间的距离和各载荷作用点的水平位置不因变形而改变。因此，每个载荷产生的支座约束力、弯矩及梁的挠度和转角，将不受其他载荷的影响，与载荷呈线性关系，可运用叠加原理来计算梁在多个载荷作用下的支座约束力、弯矩及梁的弯曲变形。

叠加原理：梁在几个载荷共同作用下产生的弯曲变形（或支座约束力、弯矩），等于各个载荷单独作用时产生的弯曲变形（或支座约束力、弯矩）的代数和。

即先分别计算每种载荷单独作用下所引起的转角和挠度，然后再将其进行代数叠加，即可得到在几种载荷共同作用下的转角和挠度。

【例 9-16】 如图 9-44a 所示，试用叠加原理求简支梁的跨中挠度和 A 处横截面的转角。

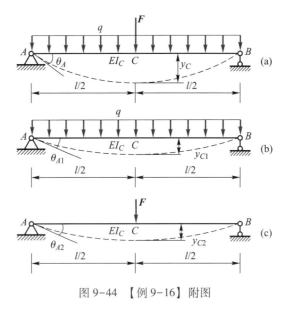

图 9-44 【例 9-16】附图

解： 查表 9-3，可得到分布载荷（图 9-44b）和集中力（图 9-44c）单独作用时跨中处的挠度分别为：

$$y_{C1}=\frac{5ql^4}{384EI}, \quad y_{C2}=\frac{Fl^3}{48EI}$$

则两载荷共同作用的跨中挠度：

$$y_C = y_{C1} + y_{C2} = \frac{5ql^4}{384EI} + \frac{Fl^3}{48EI} = \frac{5ql^4 + 8Fl^3}{384EI}$$

同理可求得 A 处横截面的转角：

$$\theta_A = \theta_{A1} + \theta_{A2} = \frac{ql^3}{24EI} + \frac{Fl^2}{16EI} = \frac{2ql^3 + 3Fl^2}{48EI}$$

【例9-17】 计算如图 9-45a 所示悬臂梁 C 处横截面的挠度和转角。

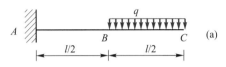

图 9-45 【例 9-17】附图

解：（1）应用叠加原理时，可将均布载荷向左延长至 A 端，为了与原梁的受力状况等效，在延长部分加上等值、反向的均布载荷，如图 9-45b 所示。

（2）将梁分解为图 9-45c、d 所示两种简单的受力情况。

查表 9-3，图 9-45c 所示的梁，其挠度和转角为：

$$y_{C1} = \frac{ql^4}{8EI}, \theta_{C1} = \frac{ql^3}{6EI}$$

图 9-45d 所示的梁，其挠度和转角为：

$$y_B = -\frac{q\left(\frac{l}{2}\right)^4}{8EI} = -\frac{ql^4}{128EI}, \quad \theta_B = -\frac{q\left(\frac{l}{2}\right)^3}{6EI} = -\frac{ql^3}{48EI}$$

由于：

$$\theta_{C2} = \theta_B = -\frac{ql^3}{48EI}$$

所以：

$$y_{C2} = y_B + \theta_B \times \frac{l}{2} = -\frac{7ql^4}{384EI}$$

叠加得：

$$y_C = y_{C1} + y_{C2} = \frac{ql^4}{8EI} - \frac{7ql^4}{384EI} = \frac{41ql^4}{384EI}$$

$$\theta_C = \theta_{C1} + \theta_{C2} = \frac{ql^3}{6EI} - \frac{ql^3}{48EI} = \frac{7ql^3}{48EI}$$

9.7.4　梁的刚度条件

在工程中，当按强度条件进行计算后，有时还需进行刚度校核。因为虽然梁满足强度条件时工作应力并没有超过材料的许用应力，但是如果弯曲变形过大往往也会使梁不能正常工作，所以仍需要进行刚度校核。

为了满足刚度要求，控制梁的弯曲变形，需使梁的挠度和转角不超过许用值，即满足：

$$\frac{|y_{max}|}{l} \leqslant \left[\frac{f}{l}\right] \qquad (9-24)$$

或

$$|y_{max}| \leqslant [y] \qquad (9-25)$$

及

$$|\theta_{max}| \leqslant [\theta] \qquad (9-26)$$

式（9-24）~式（9-26）中，许用挠度 $\left[\dfrac{f}{l}\right]$、$[y]$ 和许可转角 $[\theta]$ 的大小可在工程设计的有关规范和技术手册中查取。

梁在使用时有时需同时满足强度条件和刚度条件。对于大多数构件的设计过程，通常先按强度条件选择横截面尺寸，再用刚度条件进行校核。

【例9-18】 如图9-46所示，工字钢悬臂梁在自由端受到一个集中力 $F = 10\,kN$ 的作用，已知材料的许用应力 $[R] = 160\,MPa$，$E = 200\,GPa$，许用挠度 $\left[\dfrac{f}{l}\right] = \dfrac{1}{400}$，试选择工字钢的截面型号。

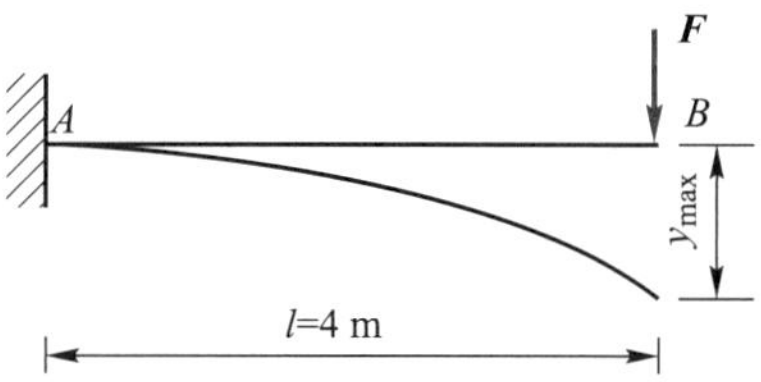

图9-46 【例9-18】附图

解：（1）按强度条件选择工字钢截面型号：

$$M_{max} = Fl = 10\,kN \times 4\,m = 40\,kN \cdot m$$

根据强度条件：

$$\frac{M_{max}}{W_z} \leqslant [R]$$

得：

$$W_z \geqslant \frac{M_{max}}{[R]} = \frac{40 \times 10^3}{160 \times 10^6}\,m^3 = 0.25 \times 10^{-3}\,m^3 = 250\,cm^3$$

由型钢表选取 No20b 工字钢：$W_z = 250\,cm^3$，$I_z = 2500\,cm^4$。

（2）刚度条件校核：

梁的最大挠度发生在 B 处横截面：

$$f = y_B = \frac{Fl^3}{3EI_z} = \frac{10 \times 10^3 \times 4^3}{3 \times 200 \times 10^9 \times 2500 \times 10^{-8}}\,m \approx 0.0427\,m$$

$$\frac{f}{l} = \frac{0.0427}{4} \approx \frac{1}{94} > \left[\frac{f}{l}\right] = \frac{1}{400}$$

故 No20b 工字钢不满足刚度要求。

（3）按刚度要求重新选择工字钢截面型号：

根据：

$$\frac{f}{l} = \frac{Fl^2}{3EI_z} \leqslant \left[\frac{f}{l}\right] = \frac{1}{400}$$

得：

$$I_z \geqslant \frac{Fl^2 \times 400}{3E} = \frac{10 \times 10^3 \times 4^2 \times 400}{3 \times 200 \times 10^9}\ \text{m}^4 \approx 1.067 \times 10^{-4}\ \text{m}^4 = 10670\ \text{cm}^4$$

由型钢表选取 No32a 工字钢 $I_z = 11075\ \text{cm}^4$，$W_z = 692\ \text{cm}^3$。此时：

$$\frac{f}{l} = \frac{Fl^2}{3EI_z} = \frac{10 \times 10^3 \times 4^2}{3 \times 200 \times 10^9 \times 11.075 \times 10^{-5}} \approx 0.0024 \approx \frac{1}{417} < \left[\frac{f}{l}\right]$$

$$R_{max} = \frac{M_{max}}{W_z} = \frac{40 \times 10^3}{692 \times 10^{-6}}\ \text{Pa} \approx 57.8 \times 10^6\ \text{Pa} = 57.8\ \text{MPa} < [R]$$

故选用 No32a 工字钢可满足该悬臂梁的强度条件和刚度条件。

9.7.5 提高梁弯曲刚度的措施

梁的弯曲变形与梁的抗弯刚度 EI、梁的跨度 l、载荷形式及支座位置有关。为了提高梁的刚度，在使用要求允许的情况下可从以下几方面着手考虑。

1. 缩小梁的跨度或增加支座

梁的跨度对梁的弯曲变形影响最大，缩短梁的跨度是提高刚度极有效的措施。有时梁的跨度无法改变，可增加梁的支座。如均布载荷作用下的简支梁，在跨中最大挠度 $y = \frac{5ql^4}{384EI} \approx 0.013\frac{ql^4}{EI}$，若梁的跨度减小一半，则最大挠度为 $y_1 = \frac{1}{16}y$；若在梁的跨中位置增加一个支座，则梁的最大挠度为不加支座时的 $\frac{1}{38}$，约为 $0.0003426\frac{ql^4}{EI}$，如图 9-47 所示。所以在设计中常采用能缩短跨度的结构，或增加中间支座来提高梁的刚度。此外，加强支座的约束也能提高梁的刚度。

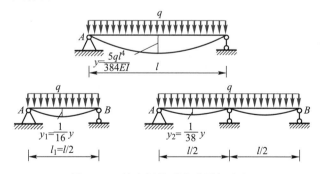

图 9-47　缩小梁的跨度或增加支座

2. 选择合理的形状截面

梁的弯曲变形与抗弯刚度 EI 成反比，增大 EI 将使梁的弯曲变形减小。为此，可采用惯性矩 I_z 较大的形状截面，如工字形、圆环形、框形等。为了提高梁的刚度而采用高强度钢材是不合理的，因为高强度钢材的弹性模量 E 较一般钢材并无多少提高，反而会提高成本。

3. 改善载荷的作用情况

弯矩是引起弯曲变形的主要因素，变更载荷作用位置与方式，减小梁内弯矩，可达到减少弯曲变形、提高刚度的目的。如将较大的集中载荷移到靠近支座位置，或把一些集中力尽量分散，甚至改为分布载荷等。

习题与思考

9-1   剪力和弯矩的符号规则是什么？

9-2   对于承受均布载荷 q 的简支梁，其弯矩图凸凹性与哪些因素有关，试判断图 9-48 所示四种答案中哪一种是错误的。

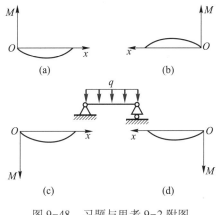

图 9-48   习题与思考 9-2 附图

9-3   梁由两根矩形截面为 $b×b/2$ 的杆组成，两杆之间无联系，试问图 9-49 所示两种安放形式哪一种较为合理，为什么？

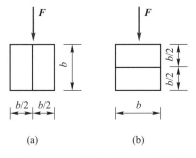

图 9-49   习题与思考 9-3 附图

9-4   判断题：

（1）梁横截面上的剪力，在数值上等于作用在此横截面任意一侧（左侧或右侧）梁上所有外力的代数和。

（   ）

（2）用截面法确定梁横截面的剪力或弯矩时，若分别取横截面以左或以右为研究对象，则所得到的剪力或弯矩的符号通常是相反的。　　　　　　　　　　　　　（　　）

（3）两个简支梁的跨度及所承受的载荷相同，但由于其材料和横截面面积不同，故两梁的剪力和弯矩不一定相同。　　　　　　　　　　　　　　　　　　　　　　　（　　）

（4）从左向右检查所绘剪力图的正误时，可以看出，凡集中力作用处，剪力图会发生突变，突变值的大小与方向和集中力相同，若集中力向上，则剪力图向上突变，突变值为集中力的大小。　　　　　　　　　　　　　　　　　　　　　　　　　　　　　　（　　）

（5）在梁上剪力为零的位置，其所对应的弯矩图的斜率也为零；反过来，若梁上某位置的弯矩图斜率为零，则该位置的剪力也为零。　　　　　　　　　　　　　　　（　　）

（6）受弯构件横截面中性轴上各点既不受拉力作用，也不受压力作用。　　（　　）

（7）梁的横截面上作用有负弯矩，其中性轴上侧各点作用的是拉应力，下侧各点作用的是压应力。　　　　　　　　　　　　　　　　　　　　　　　　　　　　（　　）

（8）对于横力弯曲的梁，若其跨度和横截面高度之比大于5，则可用纯弯曲建立的弯曲正应力公式计算其正应力，所得的正应力较之梁的真实正应力的误差很小。　（　　）

（9）由于挠曲线的曲率与弯矩成正比，因而梁弯曲变形时横截面挠度和转角也与横截面上的弯矩成正比。　　　　　　　　　　　　　　　　　　　　　　　　　（　　）

（10）观察梁的弯矩图，若梁的弯矩出现突变，则所对应的梁的挠曲线不一定是一条连续光滑的曲线。　　　　　　　　　　　　　　　　　　　　　　　　　　（　　）

9-5　填空题：

（1）静定梁有_____、_____和_____三种形式。

（2）在梁的横截面上的内力只有_____而没有_____时，称为纯弯曲。

（3）高度等于宽度两倍的矩形截面梁，承受垂直方向的载荷，竖放时梁的强度是横放时梁的强度的_____倍。

（4）梁弯曲时，任一横截面上的弯矩可通过该横截面一侧（左侧或右侧）的外力确定，它等于该侧所有外力对截面_____力矩的代数和。

（5）梁的弯矩图为二次抛物线时，若分布载荷方向向上，则弯矩图为向_____开口的抛物线。

（6）在梁的集中力偶作用处，其左、右两侧无限接近的横截面上的剪力值是_____的。

（7）将一简支梁的自重简化为均布载荷作用而得出的最大弯矩值，要比简化为集中力作用而得出的最大弯矩值_____。

（8）工程上用的鱼腹梁、阶梯轴等，其横截面尺寸随弯矩大小而变，这种横截面变化的梁，往往就是近似的_____梁。

（9）在平面弯曲的情况下，梁弯曲变形后的轴线将成为一条连续且光滑的平面曲线，此曲线称为_____。

（10）梁弯曲时，如果梁的抗弯刚度越大，则梁的曲率越_____，说明梁越不容易变形。

9-6　一简支梁如图9-50所示，试列出该梁的剪力方程和弯矩方程，并画出剪力图和弯矩图。

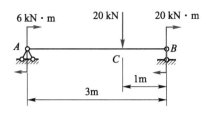

图 9-50　习题与思考 9-6 附图

9-7　图 9-51 所示为某工作桥纵梁的计算简图，其上的两个集中载荷为闸门启闭机重量，均布载荷为自重、人群和设备的重量。试求纵梁在 C、D 及跨中 E 三点处横截面上的剪力和弯矩。

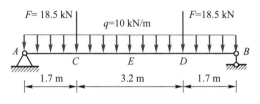

图 9-51　习题与思考 9-7 附图

9-8　一吊车用 No32c 工字钢（$W_z = 760\,\text{cm}^3$）制成，将其简化为一简支梁，梁长 $l = 10\,\text{m}$，自重不计，如图 9-52 所示。若最大起重载荷 $F = 35\,\text{kN}$（包括葫芦和钢丝绳），许用应力为 $[R] = 130\,\text{MPa}$，试校核该梁的强度。

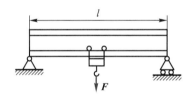

图 9-52　习题与思考 9-8 附图

9-9　图 9-53 所示为一槽形截面铸铁梁，$F = 10\,\text{kN}$，$M_e = 70\,\text{kN}\cdot\text{m}$，许用拉应力 $[R_t] = 35\,\text{MPa}$，许用压应力 $[R_c] = 120\,\text{MPa}$。试校核该梁的强度。

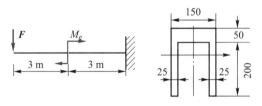

图 9-53　习题与思考 9-9 附图

9-10　图 9-54a 所示简支梁 AB 的弯矩图（图中只画出弯矩的大小，符号可自行规定）如图 9-54b 所示，试画出该梁的剪力图和受力分析图。（选自第六届江苏省大学生力学竞赛）

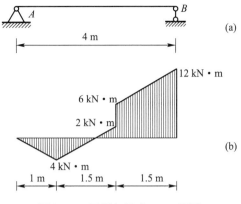

图 9-54   习题与思考 9-10 附图

9-11   图 9-55 所示外伸梁受均布载荷 q 的作用，其剪力的最大值 $|F_S|_{max}$ = _____ ，弯矩的最大值 $|M|_{max}$ = _____ 。（选自第七届江苏省大学生力学竞赛）

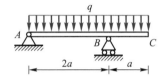

图 9-55   习题与思考 9-11 附图

9-12   如图 9-56 所示，受均布载荷作用的水平梁 AC 为 No14 工字钢，其抗弯截面模量 $W_z = 102 \times 10^3 \ \text{mm}^3$，铅垂杆 BD 为圆形截面钢杆，其直径 $d = 25 \ \text{mm}$，梁和杆的材料相同，许用应力为 $[R] = 160 \ \text{MPa}$。试求许用载荷集度 $[q]$。（选自第七届江苏省大学生力学竞赛）

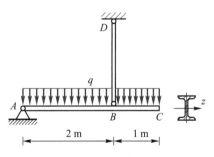

图 9-56   习题与思考 9-13 附图

9-13   图 9-57 所示组合梁，载荷集度 q，长度 l 和抗弯刚度 EI 均为已知，$F = 2ql$，则 B 处挠度的大小为 _____ 。（选自第七届江苏省大学生力学竞赛）

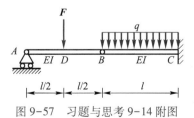

图 9-57   习题与思考 9-14 附图

单元 10

组合变形时的强度计算

学习目标：了解组合变形的概念、能对拉（压）弯组合和弯扭组合变形进行应力分析及强度计算。

单元概述：组合变形的基本概念、组合变形分析的一般步骤、拉（压）弯组合变形和弯扭组合变形分析。本单元的重点是拉（压）弯组合变形和弯扭组合变形的外力及内力分析，难点是应力分析及强度条件。

10.1　组合变形的概念

课件 10.1

本书第 6~9 单元已分析了杆件的四种基本变形：轴向拉伸与压缩、剪切、扭转和弯曲，但在工程实际中，构件在载荷作用下往往会发生两种或两种以上的基本变形。若其中有一种变形是主要的，其余变形所引起的应力（或变形）很小，则构件可以按主要的基本变形进行分析和计算；若几种变形所对应的应力（或变形）属于同一数量级，则构件的变形称为**组合变形**。如烟囱（图 10-1a）除自重引起的轴向压缩外，还有由水平方向风力引起的弯曲变形；机械中的齿轮传动轴（图 10-1b）在外力的作用下，将同时发生扭转变形及在水平面和垂直平面内的弯曲变形；厂房中吊车立柱（图 10-1c）除受轴向压力 F_1 作用以外，还会受到偏心压力 F_2 的作用，此时立柱将同时发生轴向压缩和弯曲变形；檩条（10-1d）受到屋面传来的竖向载荷，但该载荷不是作用在檩条的纵向对称平面内，因而屋架上檩条的变形是由檩条在 y、z 两个方向上的平面弯曲的组合变形。

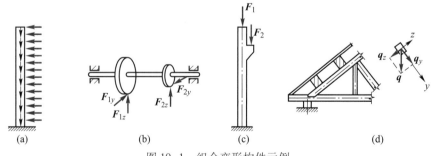

| (a) | (b) | (c) | (d) |

图 10-1　组合变形构件示例

对于组合变形构件，在线弹性、小变形条件下，可按构件的原始形状及尺寸进行计算。因而，可先将载荷简化为符合基本变形外力作用条件的外力系、分别计算构件在每一种基本变形下的内力、应力或变形。然后再利用叠加原理，综合考虑各种基本变形的组合情况，以确定构件的危险截面、危险点的位置及危险点的应力状态，并据此进行强度计算。

组合变形杆件的强度计算，通常按下述步骤进行：

（1）将作用于组合变形杆件上的外力分解或简化为基本变形的受力方式。

（2）应用以前各单元的知识对这些基本变形进行内力和应力计算。

（3）将各基本变形同一点处的应力进行叠加，以确定组合变形时各点的应力。

（4）分析和确定危险点的应力，建立强度条件。

若构件的组合变形超出了线弹性范围，或虽在线弹性范围内但变形较大，则不能按其初始形状或尺寸进行计算，必须考虑各基本变形之间的相互影响，而不能应用叠加原理。

10.2　拉伸（压缩）与弯曲组合变形

若等截面直杆受到轴向力和横向力的共同作用，将发生**拉伸（压缩）与弯曲组合变形**。对于弯曲刚度 EI 较大的杆件，由于横向力引起的挠度与横截面尺寸相比非常小，因此，由轴向力引起的附加弯矩可以忽略不计。这时，可分别计算由轴向力和横向力引起的杆件横截面上的拉伸（压缩）正应力和弯曲正应力，然后再按叠加原理求其代数和，即得到杆件在拉伸（压缩）和弯曲组合变形下横截面上的正应力。

课件 10.2

微课
拉伸（压缩）与弯曲组合变形

如图 10-2a 所示，悬臂梁在纵向对称平面内受轴向拉力 F 及均布载荷 q 的共同作用，现以此为例来说明等截面直杆在拉伸和弯曲组合变形下的正应力计算方法。

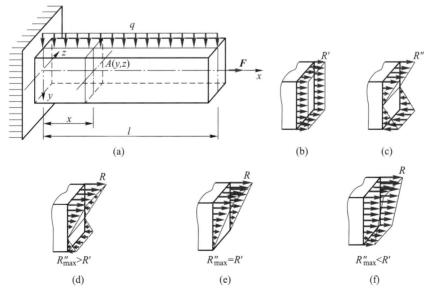

图 10-2　拉伸和弯曲组合变形的悬臂梁

在轴向力 F 的作用下，杆各横截面上有相同的轴力 $F_N = F$；在横向均布载荷 q 的作用下，距离固定端为 x 的任意横截面上的弯矩值为：

$$M(x) = \frac{1}{2}q(l-x)^2$$

与轴力 F_N 对应的拉伸正应力 R' 在 x 横截面上的各点处均相等，其值为：

$$R' = \frac{F_N}{S} = \frac{F}{S}$$

拉伸正应力 R' 在 x 横截面上的分布情况如图 10-2b 所示。

在 x 横截面上任意一点 $A(y,z)$ 处与弯矩 $M(x)$ 对应的弯曲正应力 R'' 为

$$R'' = \frac{M(x)y}{I_z} = \frac{q(l-x)^2 y}{2I_z}$$

弯曲正应力 R'' 在 x 横截面上的分布情况如图 10-2c 所示。

x 横截面上点 $A(y,z)$ 处的拉伸正应力 R' 与弯矩 $M(x)$ 对应弯曲正应力 R'' 叠加后，得组合正应力 R，其值为：

$$R = R' + R'' = \frac{F_N}{S} + \frac{M(x)y}{I_z} = \frac{F}{S} + \frac{q(l-x)^2 y}{2I_z}$$

由此，正应力 R 沿横截面高度的变化情况如图 10-2d~f 所示，其变化规律取决于 R''_{max} 和 R' 值的相对大小。

显然，该悬臂梁的危险截面在固定端处。由于两种基本变形在危险点引起的应力均为正应力，故该危险点处的应力状态为单向应力状态。

最大正应力是危险截面上边缘各点处的拉应力，其值为：

$$R_{tmax} = R' + R''_{max} = \frac{F_N}{S} + \frac{M_{max}}{W_z} = \frac{F}{S} + \frac{ql^2 y_{max}}{2I_z}$$

对于塑性材料，许用拉应力和压应力相同，只需按横截面上的最大应力进行强度计算，其强度条件为：

$$|R|_{max} = \left|\frac{F_N}{S}\right| + \left|\frac{M_{max}}{W_z}\right| \leqslant [R] \tag{10-1}$$

对于脆性材料，许用拉应力和压应力不同，则要分别按最大拉应力和最大压应力进行强度计算，故强度条件分别为：

$$R_{tmax} = \left|\pm\frac{F_N}{S} + \frac{M_{max}}{W_z}\right| \leqslant [R_t] \tag{10-2}$$

$$R_{cmax} = \left|\pm\frac{F_N}{S} - \frac{M_{max}}{W_z}\right| \leqslant [R_c] \tag{10-3}$$

式（10-2）和式（10-3）中，$\frac{F_N}{S}$ 取正号时对应的是拉伸和弯曲组合变形，取负号时对应的是压缩和弯曲组合变形。

【例 10-1】 如图 10-3 所示，简支工字钢梁的型号为 No25a，受均布载荷 q 及轴向压力 F 的作用，已知 $q = 10\ kN/m$，$l = 3\ m$，$F = 20\ kN$，$[R] = 120\ MPa$。试求最大正应力并校

核梁的强度。

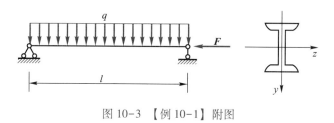

图 10-3 【例 10-1】附图

解：（1）变形分析：

钢梁同时受到轴向力和横向力的作用，因此其发生的变形为压缩和弯曲组合变形，横截面上的内力为轴力和弯矩。

（2）内力分析：

由于应力的最大值发生在内力最大的横截面上，因此在求最大正应力前，需确定内力最大值的位置。根据本书单元 6 和单元 9 的知识可知：梁上各横截面的轴力值相等，弯矩的最大值发生在梁的跨中横截面，其值为：

$$M_{max} = \frac{1}{8}ql^2 = \frac{1}{8} \times 10 \times 3^2 \text{ kN} \cdot \text{m} = 11.25 \text{ kN} \cdot \text{m}$$

（3）应力最大值的计算：

查型钢表，得 $W_z = 402 \text{ cm}^3$，$S = 48.5 \text{ cm}^2$，则：

$$R''_{max} = \frac{M_{max}}{W_z} = -\frac{11.25 \times 10^6}{402 \times 10^3} \text{ MPa} \approx -27.99 \text{ MPa}$$

$$R' = \frac{-F_N}{S} = -\frac{20 \times 10^3}{48.5 \times 10^2} \text{ MPa} \approx -4.12 \text{ MPa}$$

梁的最大正应力为：

$$R_{max} = |R''_{max}| + |R'| = 32.11 \text{ MPa} < [R] = 120 \text{ MPa}$$

即：

$$R_{max} < [R]$$

因此，该梁满足强度条件。

从该例可以看出：由弯曲引起的正应力远比由压缩引起的正应力大，在一般的工程问题中也大致如此。因此，若此例改为选择工字钢型号，由于式（10-2）、式（10-3）中包含着 S 和 W_z 两个未知量，故无法求解。这时可利用抓主要矛盾的方法，即先不考虑轴向压缩（或拉伸）引起的正应力，而按弯曲正应力强度条件 $M_{max} \leq [R]$ 算得 W_z，据此初选工字钢型号，然后再考虑轴向压缩（或拉伸）引起的正应力，校核最大正应力。若能满足强度条件，则可用该型号的工字钢；若不满足强度条件，则另行选择。

10.3　弯曲与扭转组合变形

@ 课件 10.3

@ 微课

弯曲与扭转组合变形

如图 10-4 所示，横向力 F 使轴在 xz 平面内发生弯曲变形，力偶 M_A 使轴发生扭转变形。杆件发生弯曲和扭转的组合变形简称为**弯扭组合变形**。由弯矩图和扭矩图可知：横截面

B 为危险截面，最大正应力和切应力为：

$$R_{max} = \frac{M_{max}}{W_z} \qquad \tau_{max} = \frac{T}{W_n}$$

最大切应力理论（第三强度理论）：

$$\sqrt{R^2 + 4\tau^2} \leqslant [R] \quad 或 \quad \frac{\sqrt{M_{max}^2 + T^2}}{W_z} \leqslant [R] \tag{10-4}$$

形状改变比能理论（第四强度理论）：

$$\sqrt{R^2 + 3\tau^2} \leqslant [R] \quad 或 \quad \frac{\sqrt{M_{max}^2 + 0.75T^2}}{W_z} \leqslant [R] \tag{10-5}$$

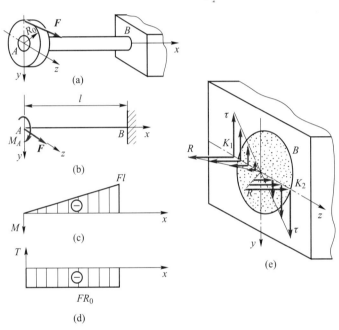

图 10-4　弯扭合变形

【例 10-2】 如图 10-5a 所示，传动轴 AB 在联轴器上作用有外力偶矩，已知带轮的直径 $D = 0.5\,\mathrm{m}$，带两端的拉力 $F_T = 8\,\mathrm{kN}$，$F_t = 4\,\mathrm{kN}$，轴的直径 $d = 90\,\mathrm{mm}$，$a = 500\,\mathrm{mm}$，轴的许用应力 $[R] = 50\,\mathrm{MPa}$，试用最大切应力理论校核轴的强度。

　　解：（1）外力计算：

作用于轴上的载荷有：C 点垂直向下的力 $F_T + F_t$ 和作用面垂直于轴线的附加力偶矩 $(F_T - F_t)\dfrac{D}{2}$，如图 10-5b 所示，其值分别为：

$$F_T + F_t = 8\,\mathrm{kN} + 4\,\mathrm{kN} = 12\,\mathrm{kN}$$

$$M = (F_T - F_t)\frac{D}{2} = (8-4)\,\mathrm{kN} \times \frac{0.5}{2}\,\mathrm{m} = 1\,\mathrm{kN \cdot m}$$

（2）内力分析：

作轴 AB 的弯矩图和扭矩图，如图 10-5c 所示。此时，轴的 C 处横截面为危险截面，该横截面上的弯矩 M_C 和扭矩 T 分别为：

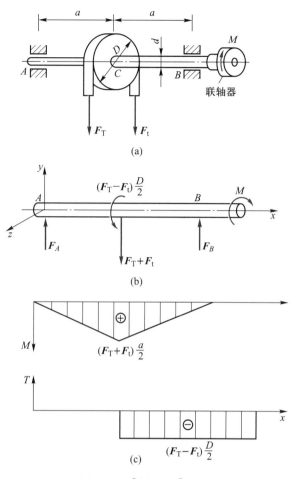

图 10-5 【例 10-2】附图

$$M_C = \frac{(F_T + F_t)a}{2} = \frac{(8+4) \times 0.5}{2} \, \text{kN} \cdot \text{m} = 3 \, \text{kN} \cdot \text{m}$$

$$T = -M = -1 \, \text{kN} \cdot \text{m}$$

（3）强度校核：

$$M_{\text{max}} = M_C = 3 \, \text{kN} \cdot \text{m}, \quad T = -1 \, \text{kN} \cdot \text{m}$$

依据第三强度理论（最大切应力理论）的强度条件：

$$R_{r3} = \frac{\sqrt{M_{\text{max}}^2 + T^2}}{W_z}$$

$$= \frac{\sqrt{(3 \times 10^6 \, \text{N} \cdot \text{mm})^2 + (-1 \times 10^6 \, \text{N} \cdot \text{mm})^2}}{\dfrac{\pi}{32} \times (90 \, \text{mm})^3} \approx 44.18 \, \text{MPa} < [R] = 50 \, \text{MPa}$$

所以，轴的强度满足要求。

习题与思考

10-1 采用叠加原理计算组合变形杆件的内力和应力时,其限制条件是什么?

10-2 如果弯扭组合变形的轴用铸铁制成,是否仍可用 $\dfrac{\sqrt{M_{max}^2+T^2}}{W_z} \leqslant [R]$ 或 $\dfrac{\sqrt{M_{max}^2+0.75T^2}}{W_z} \leqslant [R]$ 进行强度校核?

10-3 判断题:

(1)屋架上的檩条,其载荷虽未作用在纵向对称平面内,但檩条的弯曲仍是平面弯曲,故檩条的变形可由两个互相垂直的平面弯曲组合而成。( )

(2)对许用拉应力和许用压应力相同的塑性材料,在进行强度计算时,只校核构件危险截面上应力绝对值最大的位置的强度即可。( )

(3)拉伸(压缩)和弯曲组合变形时,杆件横截面的中性轴一定通过横截面形心。( )

(4)拉伸(压缩)和弯曲组合变形时,横截面上最危险的点位于中性轴上。( )

(5)拉伸与弯曲组合变形,其横截面上的应力只有拉应力,而没有压应力。( )

(6)弯曲与扭转组合变形的杆件,从其表面取出的微元体处于二向应力状态。( )

10-4 填空题:

(1)外力作用线平行于直杆轴线但不通过杆件横截面形心,则杆产生_____变形。

(2)偏心压缩实际上就是_____和_____的组合变形问题。

(3)如图 10-6 所示,若在正方形截面短柱的中间处开一切槽,其面积为原来面积的一半,则柱内最大压应力是原来压应力的_____倍。

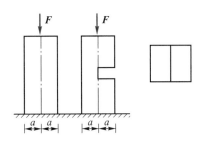

图 10-6 习题与思考 10-4(3)附图

(4)若计算构件组合变形时,位移、应力、应变和内力允许采用叠加原理,则要求每一基本变形所引起的位移、应力、应变和内力均与外力成_____关系。

10-5 如图 10-7 所示一悬臂滑车架,杆 AB 为 No18 工字钢,其抗弯刚度 $W_z = 185 \text{ cm}^3$,横截面面积 $S = 30.6 \text{ cm}^2$,其长度 $l = 2.6 \text{ m}$。试求当载荷 $F = 25 \text{ kN}$ 作用在 AB 的中点 D 处时,杆内的最大正应力。设工字钢的自重可略去不计。

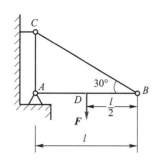

图 10-7　习题与思考 10-5 附图

10-6　手摇式提升机如图 10-8 所示，已知卷筒半径 $D=400\,\mathrm{mm}$，卷筒轴的直径 $d=30\,\mathrm{mm}$，材料为 Q235 钢，$[R]=80\,\mathrm{MPa}$，试按第三强度理论求最大起重载荷 W。

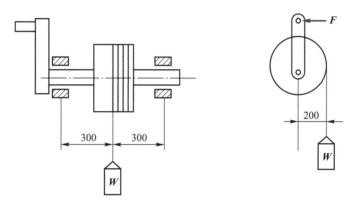

图 10-8　习题与思考 10-6 附图

10-7　如图 10-9 所示，一缺口平板受拉力 $F=80\,\mathrm{kN}$ 的作用。已知横截面尺寸 $h=80\,\mathrm{mm}$、$a=b=10\,\mathrm{mm}$，材料的许用应力 $[R]=140\,\mathrm{MPa}$。试校核该缺口平板的强度。如果强度不够，应如何补救，要求补救措施尽可能简便、经济。（选自第九届江苏省大学生力学竞赛）

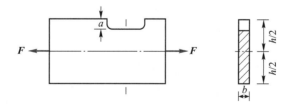

图 10-9　习题与思考 10-7 附图

压杆稳定

学习目标：了解压杆稳定的概念，能够对简单细长杆件的临界力、临界应力进行计算，对一般情况下提高压杆稳定的措施有初步的了解。

单元概述：在设计压杆时，除了强度外，还应考虑其稳定性。对于不同柔度的压杆，其临界应力的计算可分别采用欧拉公式、直线公式和压缩强度公式。

11.1 压杆稳定的概述

🔗 课件 11.1

🔗 微课
压杆稳定

在单元 6 讨论轴向压缩时，认为满足压缩强度条件即可保证构件安全工作。这一结论对于细长杆件不再适用，当细长杆受压时，在应力远远低于极限应力时，会因突然产生显著的弯曲变形而失去承载能力。如图 11-1a 所示，钢制成的锯条受到压缩力 F_P 的作用，已知：锯条的宽度 11 mm，厚度为 1 mm，许用应力为 $[R] = 196$ MPa。若根据轴向压缩时的强度条件来计算许用载荷，由 $R = \dfrac{F_N}{S} \leq [R]$，可得：$F_N \leq S[R] = 11 \times 1 \times 196$ N $= 2156$ N。

在实际试验中，用手指直接对锯条逐渐施加轴向压力，如图 11-1b 所示，当压力增加到某个数值时，锯条会发生弯曲，如图 11-1c 所示，此时锯条在微弯的状态下保持平衡，

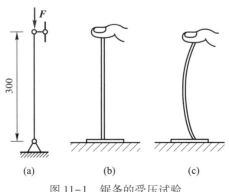

图 11-1　锯条的受压试验

但已经丧失了承载能力。通过分析可知：手指施加给锯条的压力远小于上述计算出来的许用载荷，所以，对于细长杆件，当压应力远没有达到屈服强度时，压杆就会发生丧失稳定性的破坏。

利用细长杆件重复上述的试验，当轴向压力 F 较小时，杆件在 F 力作用下保持直线平衡形式。此时，若增加一个瞬间横向的干扰力，会使杆件产生往复摆动，最终恢复到原有的直线平衡状态，这种平衡是稳定的，称为**稳定平衡**；若轴向压力 F 达到某个量值时，瞬间横向干扰力会使杆件发生弯曲，且不能恢复到原有的直线平衡状态，只能在微弯状态下保持新的平衡，这种平衡是不稳定的，称为**不稳定平衡**，简称失稳。压杆保持直线平衡状态时的最大压力称为**临界压力**，用 F_{cr} 表示。

构件由于丧失稳定性所造成的危害是非常严重的，如图 11-2 所示。2000 年 10 月 25 日，南京电视台演播室中心裙楼在浇筑顶部混凝土施工中，因模板支承系统失稳，屋盖坍塌。

图 11-2　南京电视台演播室中心裙楼屋盖坍塌现场

因此，在设计压杆时，除了强度外，还应考虑其稳定性。掌握临界压力的计算，是解决压杆稳定问题的关键。

11.2　压杆稳定的相关计算

🔗 课件 11.2

11.2.1　细长压杆的临界压力计算

当作用于压杆上压力的大小等于临界压力时，受到干扰力作用后，压杆将发生弯曲。若变形不大、压杆内应力不超过比例极限的条件下，可根据弯曲变形的理论，由挠曲线的

🔗 微课
压杆稳定的相关计算

近似微分方程式，求出临界压力的大小。此外，压杆的临界压力还与其支承情况有关，在四种理想约束下，压杆临界压力的计算公式见表 11-1。

比较上述四种理想约束情况下的临界压力公式，可见其表达式基本相似，只是长度 l 前的系数不同。因此，可将不同约束条件下压杆的临界压力统一表达为：

$$F_{cr} = \frac{\pi^2 EI}{(\mu l)^2} \qquad (11-1)$$

表 11-1　不同约束条件下压杆的临界压力及长度系数

杆端的约束情况	两端铰支	两端固定	一端固定，一端铰支	一端固定，一端自由
挠曲线形状				
临界压力	$F_{cr}=\dfrac{\pi^2 EI}{l^2}$	$F_{cr}=\dfrac{\pi^2 EI}{(0.5l)^2}$	$F_{cr}=\dfrac{\pi^2 EI}{(0.7l)^2}$	$F_{cr}=\dfrac{\pi^2 EI}{(2l)^2}$
长度系数	1	0.5	0.7	2

式（11-1）中，μ 是与杆端约束有关的系数，称为**长度因数**；μl 称为**相当长度**。式（11-1）称为细长压杆临界压力的**欧拉公式**。

【例 11-1】 有一长 $l=300\,\text{mm}$、横截面宽度 $b=6\,\text{mm}$、高度 $h=10\,\text{mm}$ 的压杆，采用两端铰支约束。压杆的材料为 Q235 钢，$E=200\,\text{GPa}$。（1）按欧拉公式计算该压杆的临界压力，并与按轴向压缩时屈服强度条件下的极限压力进行对比；（2）若采用相等横截面面积的圆形截面及正方形截面的杆件，试比较其临界压力的大小。

解：（1）由于该压杆为两端铰支，所以长度系数 $\mu=1$。

$$F_{cr}=\frac{\pi^2 EI}{(\mu l)^2}=\frac{\pi^2\times200\times10^3\times\frac{1}{12}\times6^3\times10}{300^2}\,\text{N}\approx3.95\,\text{kN}$$

若按轴向压缩时的屈服强度条件计算轴向极限压力，则有：

$$F^0=R_e\times S=235\times6\times10\,\text{N}=14.1\,\text{kN}$$

上述计算结果表明：F^0 明显大于 F_{cr}，所以对于细长压杆来说，失去正常工作能力的原因不是由于其强度不足，而是由于失稳造成的。

（2）若采用与原横截面面积相等的圆形截面杆，可以算出该圆形截面杆的直径：

$$d=\sqrt{\frac{4S}{\pi}}=\sqrt{\frac{4\times bh}{\pi}}=\sqrt{\frac{4\times6\times10}{\pi}}\,\text{mm}\approx8.74\,\text{mm}$$

$$F_{cr}=\frac{\pi^2 EI}{(\mu l)^2}=\frac{\pi^2\times200\times10^3\times\frac{1}{64}\times\pi\times8.74^4}{300^2}\,\text{N}\approx6.28\,\text{kN}$$

若采用与原横截面面积相等的正方形截面杆，可以算出该正方形截面的边长：

$$a=\sqrt{S}=\sqrt{bh}=\sqrt{6\times10}\,\text{mm}\approx7.746\,\text{mm}$$

$$F_{cr} = \frac{\pi^2 EI}{(\mu l)^2} = \frac{\pi^2 \times 200 \times 10^3 \times \frac{1}{12} \times 7.746^4}{300^2} \text{ N} \approx 6.58 \text{ kN}$$

上述计算结果表明：相等横截面面积条件下，圆形或正方形截面压杆的稳定性远大于矩形截面压杆，正方形截面压杆比圆形截面压杆略好，但两者相差不多。

由欧拉公式可见：横截面的惯性矩越大，临界压力越大。由此可以推断，在横截面面积相同的情况下，截面分布越远离中心轴，其压杆的稳定性越好。

11.2.2 细长压杆的临界应力计算

1. 临界应力

根据式（11-1），可得到细长压杆的临界应力计算公式：$R_{cr} = \dfrac{F_{cr}}{S} = \dfrac{\pi^2 EI}{(\mu l)^2 S}$

引入惯性半径 $i = \sqrt{\dfrac{I}{S}}$，则有：$R_{cr} = \dfrac{\pi^2 EI}{(\mu l)^2 S} = \dfrac{\pi^2 E}{\left(\dfrac{\mu l}{i}\right)^2}$

令 $\lambda = \dfrac{\mu l}{i}$，则临界应力为：

$$R_{cr} = \frac{\pi^2 E}{\lambda^2} \tag{11-2}$$

式（11-2）是以应力形式表达的欧拉公式，其中 λ 称为**柔度**（或称长细比）。λ 在压杆稳定性计算中是一个很重要的量值，与压杆两端的约束情况、横截面形状尺寸和杆长有关，是压杆抵抗失稳能力的特征值。

2. 欧拉公式适用范围

欧拉公式是在杆件微弯的弹性状态下推导出来的，故临界应力不能超过材料的比例极限。即欧拉公式适用条件为：

$$R_{cr} = \frac{\pi^2 E}{\lambda^2} \leqslant \sigma_p \text{①} \tag{11-3}$$

令

$$\lambda_p = \sqrt{\frac{\pi^2 E}{\sigma_p}} \tag{11-4}$$

则式（11-3）可改写为：

$$\lambda \geqslant \lambda_p \tag{11-5}$$

满足（11-5）式的压杆，可采用欧拉公式计算临界压力或临界应力，这样的杆称为**细长压杆**或大柔度杆。

由式（11-4）可见，λ_p 与材料的力学性质有关，材料不同，λ_p 也就不一样。如 Q235 钢，$E = 200 \text{ GPa}$，$\sigma_p = 200 \text{ MPa}$，由式（11-4）可计算出 $\lambda_p = 100$，λ_p 取值见表 11-2。

---

① 与 GB/T 10623—1989 对照，在 GB/T 10623—2008《金属材料 力学性能试验术语》中，仅保留"比例极限"和"弹性极限"等术语的名称，但已不再标明其对应的符号，故此处仍沿用 GB/T 10623—1989 中"比例极限"的符号 σ_p。

表 11-2 几种常见材料的 a、b 和 λ_p、λ_s 值

材　　料	a/MPa	b/MPa	λ_p	λ_s
低碳钢	304	1.12	100	60
优质碳钢	461	2.586	90	60
硅钢	578	3.744	86	60
铸铁	332	1.454	80	—
松木	28.7	0.19	105	—

3. 非细长压杆临界力的计算公式

对于 $\lambda < \lambda_p$ 的压杆，其失稳时的临界应力 R_{cr} 大于比例极限 σ_p，这类压杆称为**中长杆**（或中柔度杆）。其临界压力和临界应力均不能采用欧拉公式计算。工程上一般采用以试验结果为依据的经验公式计算，比较常见的直线公式为：

$$R_{cr}=a-b\lambda \tag{11-6}$$

式（11-6）又称为雅辛斯基公式，其中，a、b 是与材料力学性能有关的常数，由试验确定，其取值见表 11-2。

对于塑性材料，中柔度与小柔度临界应力的分界值为 $R_{cr}=R_e$，将其代入式（11-6）得：

$$\lambda_s=\frac{a-R_e}{b}$$

λ_s 为使用经验公式所对应的最小柔度极限值，对于脆性材料制成的压杆，中柔度与小柔度的分界值应为 $R_{cr}=R_m$ 时的柔度，同理则有：

$$\lambda_s=\frac{a-R_m}{b}$$

实践证明，经验公式的适用范围是柔度 λ 介于 λ_p 与 λ_s 之间。

4. 临界应力公式曲线图

综上所述，如采用直线经验公式，临界压力或临界应力的计算可按柔度分为三类：

（1）$\lambda \geqslant \lambda_p$ 为细长杆（大柔度杆），运用欧拉公式计算临界应力。

（2）$\lambda_s < \lambda < \lambda_p$ 为中长杆（中柔度杆），运用直线公式计算临界应力。

（3）$\lambda < \lambda_s$ 为短粗杆，无失稳问题，破坏是因强度不够而引起的，用屈服强度或抗拉强度作为临界应力。

由于不同柔度的压杆，其临界应力的公式不相同。因此，在压杆的稳定性计算中，应首先计算其柔度值 λ，再按照上述分类选择合适的公式计算其临界应力和临界压力。

为了清楚地表明各类压杆的临界应力 R_{cr} 与柔度 λ 之间的关系，可绘制临界应力公式曲线图，如图 11-3 所示。

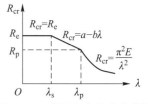

图 11-3 临界应力公式曲线图

11.2.3 压杆的稳定性计算

为了保证正常工作，压杆所受的轴向压力应小于临界压力 F_{cr}，即压杆的压应力 R 应小于临界应力 R_{cr}。对工程中的压杆，由于存在各种不利因素，需具有一定的安全储备，

可引入**稳定安全系数** n_{st}。因此，压杆的稳定条件为：

$$F \leqslant \frac{F_{cr}}{n_{st}} = [F_{st}] \tag{11-7}$$

或

$$R \leqslant \frac{R_{cr}}{n_{st}} = [R_{st}] \tag{11-8}$$

式（11-7）和式（11-8）中，$[F_{st}]$、$[R_{st}]$ 分别称许用稳定载荷、许用稳定应力，稳定安全系数 $n_{st} \geqslant 1$，其数值的选取除了需考虑强度安全系数相关的各种因素外，还需要考虑影响压杆失稳的不利因素，如压杆不可避免存在的初曲率、材料不均匀和载荷偏心等问题。

根据稳定条件式（11-7）和式（11-8），可以对压杆进行稳定性计算。压杆稳定性计算的内容与强度计算相似，包括校核稳定性、设计横截面和求许用载荷三个方面，计算压杆稳定性通常有以下两种方法。

1. 安全系数法

压杆所受到的轴向压力、压杆的临界压力应满足下述条件：

$$n = \frac{F_{cr}}{F} \geqslant n_{st} \tag{11-9}$$

式（11-9）表明：只有当压杆工作的安全系数不小于给定的稳定安全系数时，压杆才能正常工作。

2. 折减系数法

将式（11-8）中的许用稳定应力表示为 $[R_{st}] = \varphi[R]$。其中 $[R]$ 为许用强度，φ 称为**折减系数**或稳定系数。稳定条件式（11-8）可表示为：

$$R = \frac{F}{S} \leqslant \varphi[R] \tag{11-10}$$

折减系数 φ 的取值见表 11-3。

表 11-3　常见材料的折减系数 φ 值

柔度 λ	低碳钢（Q235 钢）	低合金钢（16 锰钢）	铸铁	柔度 λ	低碳钢（Q235 钢）	低合金钢（16 锰钢）	铸铁
0	1.000	1.000	1.000	110	0.536	0.384	—
10	0.995	0.993	0.970	120	0.466	0.325	—
20	0.981	0.973	0.910	130	0.401	0.279	—
30	0.958	0.940	0.810	140	0.349	0.242	—
40	0.927	0.895	0.690	150	0.306	0.213	—
50	0.888	0.840	0.570	160	0.272	0.188	—
60	0.842	0.776	0.440	170	0.243	0.168	—
70	0.789	0.705	0.340	180	0.218	0.151	—
80	0.731	0.627	0.260	190	0.197	0.136	—
90	0.669	0.546	0.200	200	0.180	0.124	—
100	0.604	0.462	0.160	—	—	—	—

【例 11-2】 有一铸铁立柱，下端固定、上端自由，$E = 120\,\text{GPa}$，$\lambda_p = 80$，其尺寸如图 11-4 所示。若规定稳定安全系数 $n_{st} = 2.5$，试确定此立柱的许可载荷 F。

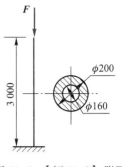

图 11-4　【例 11-2】附图

解：（1）计算柔度 λ：

由于该压杆为一端固定、一端自由，所以长度系数 $\mu = 2$。

惯性矩：$I = \dfrac{\pi}{64}(D^4 - d^4) = \dfrac{\pi}{64}(200^4 - 160^4)\,\text{mm}^4$

$\approx 4.637 \times 10^7\,\text{mm}^4$

横截面面积：$S = \dfrac{\pi}{4}(D^2 - d^2) = \dfrac{\pi}{4}(200^2 - 160^2)\,\text{mm}^2 \approx 1.13 \times 10^4\,\text{mm}^2$

惯性半径：$i = \sqrt{\dfrac{I}{S}} = \sqrt{\dfrac{4.637 \times 10^7}{1.13 \times 10^4}}\,\text{mm} \approx 64.06\,\text{mm}$

柔度：$\lambda = \dfrac{\mu l}{i} = \dfrac{2 \times 3000}{64.06} = 93.66 > \lambda_p$，故该压杆为细长杆，应按欧拉公式计算临界压力。

（2）计算临界压力 F_{cr}：

$$F_{cr} = \dfrac{\pi^2 EI}{(\mu l)^2} = \dfrac{\pi^2 \times 120 \times 10^3 \times 4.637 \times 10^7}{(2 \times 3000)^2}\,\text{N} \approx 1526\,\text{kN}$$

（3）计算许可载荷：

$$F \leqslant \dfrac{F_{cr}}{n_{st}} = \dfrac{1526}{2.5}\,\text{kN} = 610.4\,\text{kN}$$

11.3　提高压杆稳定性的措施

课件 11.3

提高压杆稳定性的问题，就是在综合考虑经济性的基础上，如何提高临界压力、临界应力的问题。由计算细长杆和中长杆的临界应力公式 $R_{cr} = \dfrac{\pi^2 E}{\lambda^2}$ 和 $R_{cr} = a - b\lambda$ 可以看出，提高临界压力、临界应力的关键在于如何减小压杆的柔度，分析式 $\lambda = \dfrac{\mu l}{i}$ 和 $i = \sqrt{\dfrac{I}{S}}$ 可得出减小柔度的途径为：

（1）尽量减小压杆杆长。对于细长杆，其临界压力与杆长的平方成反比。因此，减小杆长可以显著提高压杆的承载能力。在某些情况下，如图 11-5 所示，可以通过改变结构或增加支点的方式来减小杆长，从而达到提高压杆以至整个结构的承载能力的目的。

（2）增加支承刚性。支承的刚性越大，压杆的长度系数 μ 越小，临界压力越大。如将两端铰支的压杆变成两端固定约束时，临界压力将以数倍增加。

（3）合理选择形状截面。当压杆两端在各个方向的挠曲平面内，具有相同约束条件时（如球铰约束），压杆将在刚度最小的主轴平面内失稳。这种情形下，如果只增加横截面某个方向的惯性矩（如只增加矩形截面高度），并不能明显提高压杆的承载能力。最经济的

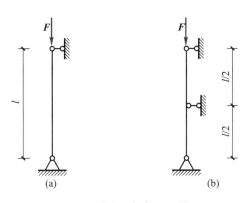

图 11-5　减小压杆件长的措施

办法是将横截面设计成中空的，且横截面对于各轴的惯性矩相同。据此，在横截面面积一定的条件下，正方形或圆形截面比矩形截面好，空心正方形或圆管形截面比实心截面好，如图 11-6 所示。

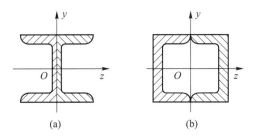

图 11-6　型钢的组合截面

（4）合理选用材料。在其他条件相同的情况下，选用杨氏模量 E 较大的材料，也可以提高细长杆的承载能力。如钢制压杆的临界压力大于铜、铸铁或铝制压杆的临界压力。但是，普通碳素钢、合金钢及高强度钢的杨氏模量相差不大，因此，对于细长杆，选用高强度钢对提高压杆临界压力意义不大，反而会造成材料的浪费。对于粗短杆或中长杆，其临界压力与材料的比例极限、屈服强度及 a、b 值均有关系，这时选用高强度钢会使压杆临界压力有所提高。

习题与思考

11-1　请问细长杆件临界压力的大小与哪些因素有关？

11-2　两端为铰支的压杆，当横截面为如图 11-7 所示的各种不同形状时，试问压杆会在哪个平面内失稳？（即失稳时绕着哪一根形心轴转动）

11-3　判断题：

（1）压杆失稳的主要原因是外界干扰力的影响。　　　　　　　　　　　（　　）

（2）同种材料制成的压杆，其柔度越大越容易失稳。　　　　　　　　　（　　）

（3）两根材料、长度、横截面面积和约束都相同的压杆，其临界压力也必定相同。

（　　）

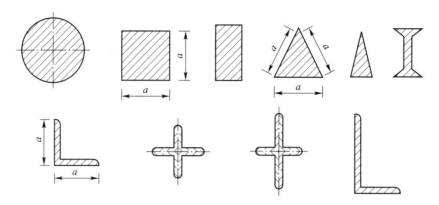

图 11-7　习题与思考 11-2 附图

（4）细长压杆的长度加倍，其他条件不变，则临界压力变为原来的 1/4；长度减半，则临界压力变为原来的 4 倍。（　　）

（5）细长压杆，若其长度系数增加一倍，则 P_{cr} 增加到原来的 4 倍。（　　）

11-4　填空题：

（1）当轴向压力 $P \geqslant$ 临界压力 P_{cr} 时，受压杆不能保持原有直线形式的平衡，这种现象称为_____。

（2）压杆直线形式的平衡是否稳定，取决于_____的大小。

（3）压杆由稳定平衡转化为不稳定平衡时所受轴向压力的界限值称为_____。

（4）长度系数 μ 反映了压杆杆端的_____情况。

（5）欧拉公式用来计算压杆的临界压力，它只适用于_____。

11-5　图 11-8 所示为一两端球形铰支细长压杆，$E = 200\,\mathrm{Gpa}$。试用欧拉公式计算其临界载荷。

（1）圆形截面，$d = 30\,\mathrm{mm}$，$l = 1.2\,\mathrm{m}$；

（2）矩形截面，$h = 2$，$b = 50\,\mathrm{mm}$，$l = 1.2\,\mathrm{m}$；

（3）No14 工字钢，$l = 1.9\,\mathrm{m}$。

11-6　图 11-9 所示为支承情况不同的两个细长杆，两个杆的长度和材料均相同，为使两个压杆的临界压力相等，b_2 与 b_1 之比应为多少？

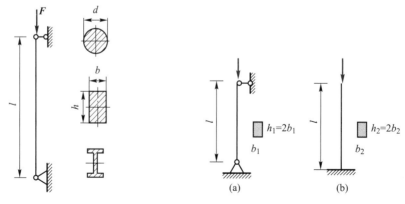

图 11-8　习题与思考 11-5 附图　　　　图 11-9　习题与思考 11-6 附图

11-7　图 11-10 所示各杆的材料和横截面均相同，试问杆能承受的压力哪根最大，哪根最小？（图 11-10f 所示的杆在中间支承处不能转动）

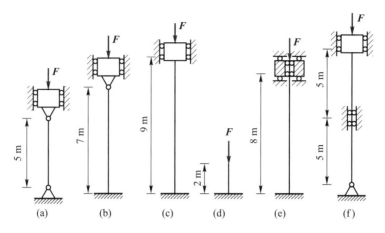

图 11-10　习题与思考 11-7 附图

11-8　图 11-11 所示矩形截面压杆，有三种支承方式，杆长 $l = 300\ \text{mm}$，横截面宽度 $b = 20\ \text{mm}$，高度 $h = 12\ \text{mm}$，$E = 200\ \text{Gpa}$，$\lambda_p = 50$，$\lambda_s = 0$，中柔度杆的临界应力公式为：$R_{cr} = (382 - 2.18\lambda)\ \text{MPa}$，试计算它们的临界载荷，并进行比较。

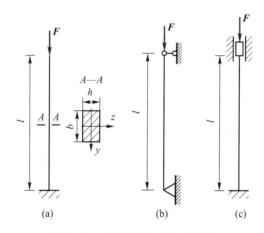

图 11-11　习题与思考 11-8 附图

单元 12

动载荷与交变应力

学习目标： 了解疲劳破坏的相关机理，理解疲劳问题的有关概念，能进行疲劳强度的计算，在此基础上，进一步了解影响构件疲劳极限的主要因素，以及提高构件疲劳极限的主要措施。

单元概述： 交变应力和循环特性、疲劳失效和持久极限等相关概念，本单元的重点是影响构件疲劳极限的主要因素和提高构件疲劳强度的措施，难点是对疲劳相关概念的理解、疲劳强度的计算。

課件 12.1

12.1 交变应力和循环特性

12.1.1 交变应力

前期讨论的构件强度，大都是在静载荷作用下引起静应力的问题。然而在工程实际中，很多构件受到的并非静应力而是动载荷引起的动应力。由于动载荷可随时间变化，或者由于构件本身的转动而变化，或者由于构件的工作环境温度的变化而引起改变，所以这些构件内产生的应力将会受到各种因素的影响而变化。如图 12-1 所示的蒸汽机活塞杆的受力情况，当活塞杆做往复运动时，作用在活塞杆上的载荷是拉力和压力交替变化的动载荷，在动载荷作用下，活塞杆内横截面上的应力也将由拉应力到压应力不断地变化。这种随时间做周期性交替变化的应力称为**循环应力**或**交变应力**。

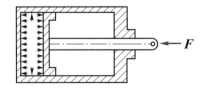

图 12-1 蒸汽机活塞杆的受力情况

又如图 12-2a 所示的列车车厢轮轴，在 l—l 截面上的应力分布如图 12-2b 所示，虽然载荷不变，但轴在转动，故当横截面圆周上某一点 A 依次转过位置 1、2、3、4 时，该点应力随时间变化的曲线如图 12-2c 所示。

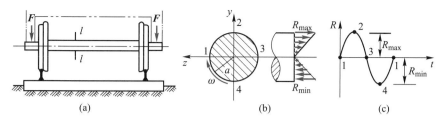

图 12-2　列车车厢轮轴横截面上的应力分析

12.1.2　循环特性

在交变应力中，应力每重复变化一次的过程，称为一个**应力循环**。应力在两个极限值之间周期性地变化，重复变化的次数，称为**应力循环次数**，以 N 表示。通常用应力循环曲线表示应力随时间变化的情况，如图 12-3 所示。

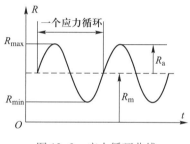

图 12-3　应力循环曲线

如图 12-3 所示，最大应力 R_{max} 与最小应力 R_{min} 的代数平均值称为**平均应力**，用 R_m 表示，即：$R_m = \dfrac{R_{max}+R_{min}}{2}$。平均应力可以看作交变应力的静应力部分，可以是正值、零或负值。

最大应力 R_{max} 与最小应力 R_{min} 的代数差的一半称为**应力幅**，用 R_a 表示，即：$R_a = \dfrac{R_{max}-R_{min}}{2}$。应力幅相当于应力从平均应力变动到最大应力或最小应力的改变量，故可以看作交变应力中动应力部分，其总是正值。

最大应力 R_{max} 与最小应力 R_{min} 的比值称为**应力比**（或循环特征），用 r 表示，即：$r = \dfrac{R_{min}}{R_{max}}$。其中，$R_{max}$ 和 R_{min} 取代数值，r 的数值在 -1 和 $+1$ 之间变化。

根据循环特性的大小，循环应力分为以下两类：

（1）对称循环交变应力。如图 12-4a 所示，最大应力与最小应力的数值相等、符号相反，即 $R_{max} = -R_{min}$，其应力比 $r = -1$。如列车车厢轮轴的交变应力、电动机主轴的交变应力等。

（2）非对称循环交变应力。最大应力与最小应力的数值不等，即：应力比 $r \neq -1$。如果最小应力 R_{min} 为零，则称为**脉动循环交变应力**，如图 12-4b 所示，如齿轮齿根某点处的应力，其应力比 $r = 0$、$R_{min} = 0$；如果最大应力与最小应力的数值相等、符号相同，即：

$R_{max} = R_{min}$，则称为静应力，其应力比 $r = 1$。

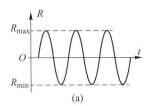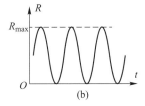

图 12-4   对称循环交变应力和非对称循环交变应力

12.2   疲劳失效和持久极限

大量事实表明：不论是脆性材料还是塑性材料制成的构件，若长期受到交变应力的作用，那么即使最大工作应力小于材料的抗拉强度 R_m，甚至小于屈服强度 R_e，却还是会常常发生断裂破坏。其后发现，这类断裂破坏实际上是构件内的微裂纹逐渐扩大的结果。之所以出现这种现象，是因为构件经过长期的循环应力作用后，材料"疲劳"了，导致强度降低。因此这种破坏称为**疲劳失效**，而抵抗疲劳破坏的能力称为**疲劳强度**。

实践证明：金属材料在交变应力作用下的破坏与它在静应力下的破坏存在着本质的区别，其破坏特点为：

（1）破坏时应力远低于材料的抗拉强度，甚至低于材料的屈服强度。

（2）疲劳破坏需经历多次应力循环后才会出现，即破坏是一个积累损伤的过程。而且应力最大值越高，则断裂前经历的循环次数越少；反之则越多。而当受到的最大应力低于一定数值时，有些金属（如钢类材料），就可经历无数次的应力循环而不发生断裂。这说明，金属材料的疲劳破坏，与应力的大小、循环的次数有关。

（3）即使是塑性材料，破坏时一般也无明显的塑性变形，即表现为脆性断裂。

（4）在疲劳破坏的断口上，有两个明显不同的区域：一个是光滑区域，另一个是粗粒状区域。如车轴疲劳破坏的断口如图 12-5 所示。

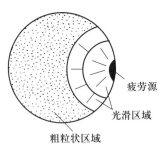

图 12-5   车轴疲劳破坏的断口图

疲劳破坏的机制非常复杂，至今仍没有完全弄清楚。目前一般认为疲劳断裂的过程为：金属内部的组织和性能并非完全均匀、连续和各向同性的，在制造过程中，不可避免的出现杂质、缺陷、细微孔隙和不均匀组织等。构件工作时，这些部位将出现应力集中现象，当交变应力中的最大应力达到某一数值时，经过多次循环以后，这些部位会先出现极细微的裂纹，随着应力循环次数的增加，裂纹逐渐向周围扩展。同时，裂纹的两面会时而分离、时而压紧（如拉压交变应力、弯曲交变应力）或时而正向、时而反向地相互错动（如扭转交变应力、剪切交变应力），或者做更复杂的组合运动（如组合变形时的交变应力），因此裂纹两面之间发生类似研磨的作用，从而变得比较光滑。随着裂纹的不断扩大，有效横截面面积将越来越小，应力也就越来越大，当应力升高到一定限度时，就会发生突然的断裂。因此，疲劳破坏的过程可理解为疲劳裂纹产生、逐渐扩展和最后断裂的过程。

由于疲劳断裂前无明显的塑性变形，裂纹的形成又不易及时发现，所以断裂是突然发生的，极易造成事故。现代工业中，受交变应力的构件越来越多，机器设备运转的速度也越来越高，据估计，在各种断裂破坏中，疲劳破坏所占的比重远超过半数，故疲劳强度计算显得尤为重要。

为了进行构件的疲劳强度计算，首先需通过试验确定材料的疲劳强度指标，材料的疲劳强度试验是用一定形状尺寸的试件进行的。

如前所述，若应力不超过一定限度，裂纹就不会萌生和扩展，试件就可经受无数次的应力循环而不发生疲劳破坏。这种能经受无限次循环而不发生疲劳破坏的最高应力值，称为材料的**持久极限**。

材料的持久极限标志着材料抵抗疲劳破坏的能力，是在交变应力作用下衡量材料强度的重要指标。同一种材料在不同的循环特性下，其持久极限是不同的，以对称循环下的持久极限值最小，对构件的危害最大。

材料在对称循环应力作用下的强度试验最常用的是旋转弯曲疲劳试验，如图 12-6 所示。首先准备一组材料和尺寸均相同的光滑试样（直径为 6~10 mm），试验时，将试样的一端安装在疲劳试验装置的夹头内，并由电动机带动旋转；另一端在轴承上悬挂砝码，使试样始终处于弯曲受力状态。当试样旋转一周时，其内任意一点处的材料即经历一次对称循环的循环应力，试验一直进行到试样断裂为止。

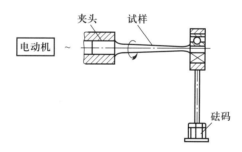

图 12-6　旋转弯曲疲劳试验装置

试验过程中，由计数器记下试样断裂时所旋转的总圈数或所经历的应力循环次数 N，即为试样的疲劳寿命。同时，根据试样的尺寸和砝码的质量，按弯曲正应力公式，计算试样横截面上的最大正应力。对同组试样挂上不同质量的砝码进行疲劳试验，将得到一组关于最大正应力 R 和相应疲劳寿命 N 的数据。

以最大正应力 R 为纵坐标，疲劳寿命 N 为横坐标，根据上述数据绘制二者之间的关系曲线，即 $S\text{-}N$ 曲线。

如图 12-7a 所示为钢和高速钢的 $S\text{-}N$ 曲线，图 12-7b 所示为铸钢与铸铁的 $S\text{-}N$ 曲线。可以看出，作用应力越大，疲劳寿命越短。

试验表明：一般钢和铸铁等的 $S\text{-}N$ 曲线均存在水平渐近线，该渐近线的纵坐标所对应的应力，即为材料的持久极限，并用 R_r 或 τ_r 表示，下标 r 代表应力比。

然而，有色金属及其合金的 $S\text{-}N$ 曲线一般不存在水平渐近线，对于这类材料，通常

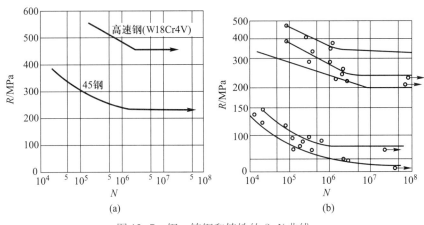

图 12-7   钢、铸钢和铸铁的 $S-N$ 曲线

根据构件的使用要求，以某一指定疲劳寿命 N_0（如 $10^7 \sim 10^8$）所对应的应力作为极限应力，并称为材料的疲劳极限。

为描述方便，后文将持久极限和疲劳极限统称为疲劳极限。

同样，也可以通过试验测量材料在拉-压或扭转交变应力下的持久极限（或疲劳极限）。

试验发现，钢材的疲劳极限与其静抗拉强度 R_{m} 之间存在下述关系：

$$R_{\mathrm{r}}^{弯曲} = (0.4 \sim 0.5) R_{\mathrm{m}}; \quad R_{\mathrm{r}}^{拉压} = (0.33 \sim 0.59) R_{\mathrm{m}}; \quad R_{\mathrm{r}}^{扭转} = (0.23 \sim 0.29) R_{\mathrm{m}}$$

由上述关系可以看出：在交变应力作用下，材料抵抗破坏的能力显著降低。各种材料的持久极限（或疲劳极限）可从相关技术手册中查得。

🏆 拓展知识   金属疲劳过程及机理

1. 疲劳裂纹的萌生

疲劳裂纹的萌生一般都形成于零件的表面，所以要注意零件的表面质量，表面越光洁平整，零件的疲劳强度越高。疲劳裂纹在表面萌生时，可能有以下三种位置：

（1）对于纯金属或单相合金，尤其是单晶体，裂纹多萌生于表面滑移带处，即驻留滑移带的地方。

（2）当经受较高的应力幅或应变幅时，裂纹常萌生于晶界处，特别是在高温下更为常见。

（3）对于一般的工业合金，裂纹多萌生于夹杂物或第二相与基体的界面上。

需要说明的是，交变载荷下形成的滑移带与静载荷下出现的滑移带不同，如图 12-8 所示，静载荷下在光学显微镜中看到的滑移线粗而均匀，遍及许多晶粒，在一个滑移带中包含着许多台阶（形似楼梯的台阶一样）；而交变载荷下是在高应力的局部地区首先开始滑移，每一周次的滑移变形量小，最初变形也是可逆的，然而在经过许多次变形之后，滑移就变成不可逆的了。滑移产生的表面突起经过表面抛光后虽能暂时消除，但如再继续循环几个周次，滑移台阶又会在原处出现，这就是所谓驻留滑移带名称的来源，如图 12-9a 所示。驻留滑移带的出现，标志着疲劳损伤已经开始。电子显微镜下观察表明：驻留滑移带的位错结构是由一些刃位错组成位错墙，位错墙的位错密度很高，而位错墙之间的地带,位错密度很低,那里可自由变形,变形几乎都集中在这些地区,这样循环变形的不断重复,在表面形成了许多峰与谷,即挤出脊和挤入沟,如图12-9b、c所示,普遍认为,挤入沟就像很尖锐的缺口,应力集中很高,疲劳裂纹就在该处萌生。

静拉伸下的滑移带

交变载荷下的滑移带

图12-8　静拉伸和交变载荷下的滑移带

(a) 驻留滑移带

(b) 挤出脊

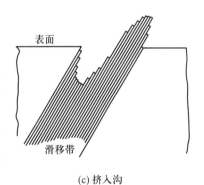
(c) 挤入沟

图12-9　驻留滑移带、挤出脊和挤入沟金相图

2. 疲劳裂纹的扩展

当表面形成显微裂纹之后,裂纹便进入扩展阶段。裂纹扩展又分为两个阶段,如图12-10所示。

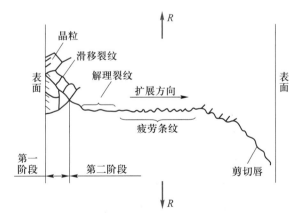

图12-10　疲劳裂纹的扩展阶段

第一阶段是沿着最大切应力的滑移平面，和拉应力方向成 45°向前扩展，这时的裂纹在表面原有多处，但大多数显微裂纹较早地就停止扩展，呈非扩展裂纹，只有少数几个可延伸到几十个微米的长度，亦约 2~3 个晶粒尺寸的范围。

当长度再增加，裂纹便转向与拉应力方向垂直，这就是裂纹传播的第二阶段。在第二阶段通常只有一个裂纹扩展。裂纹从第一阶段向第二阶段转变的快慢，决定于材料和应力幅两个因素。

在一般材料中，第一阶段都是很短的，而在一些高强度镍基合金中，第一阶段可长达 mm 的数量级，有时甚至只有第一阶段。应力幅较低时，第一阶段便较长。虽然裂纹扩展第一阶段的长度甚短，但扩展速率却非常缓慢，所以在光滑试样中，第一阶段所消耗的循环周次可以占整个疲劳寿命的大部分。相反，在有尖锐缺口的试样中，第一阶段则小到几乎可以忽略，整个的疲劳裂纹传播就是第二阶段。

裂纹的扩展第一阶段是由切应力分量控制的，而第二阶段则是由拉应力控制的。在室温和没有腐蚀介质的情况下，疲劳裂纹通常是穿晶的。

第二阶段中可观察到疲劳条纹，这是裂纹扩展的直接证明。但有几个概念应该明确：

（1）必须把宏观的疲劳断口中显示的海滩状或贝壳状条纹和电子显微镜观察的断口金相中的疲劳条纹区别开来。

（2）在第一阶段中通常看不到疲劳条纹，但这并不等于说疲劳条纹只是第二阶段的固有特征。

（3）疲劳条纹在塑性好的材料，如铜、铝、不锈钢中可以显示得很清楚，但在高强度钢中便不容易看到，或只能看到一部分。通常疲劳裂纹传播有两种方式，在塑性材料中显示出疲劳裂纹，在脆性材料中解理裂纹与螺型位错交截形成台阶，即为解理台阶。

（4）疲劳条纹明显地取决于试验环境。

在塑性材料中，疲劳裂纹的传播一般都引用 Laird 裂纹张开—钝化—变锐的模型。如图 12-11a 所示，在交变应力为零时裂纹闭合，这是在开始一个循环周次时的原始状态。当拉应力增加，如图 12-11b 所示，裂纹张开，在裂纹尖端沿最大切应力方向产生滑移。随着拉应力继续增大到最大值时，如图 12-11c 所示，裂纹张开至最大，塑性变形的范围也随之扩大，图中虚线之间的距离，即表示裂纹尖端的塑性变形范围。

由于塑性变形的影响，裂纹尖端的应力集中减小，裂纹尖端钝化。理想状态是假定裂纹尖端张开呈半圆形，这时裂纹便停止扩展。当应力变为压缩应力时，滑移方向也发生了改变，裂纹表面逐渐被压缩，当压缩应力为最大值时，裂纹便完全闭合，又恢复到原始状态，如图 12-11d 所示。循环一周中裂纹扩展的距离，便是裂纹扩展的速率。从图 12-11 中可以看出，裂纹扩展主要是在拉应力的半周内，在压应力下裂纹是很少扩展的。

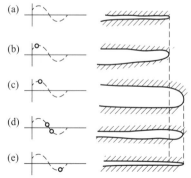

图 12-11 Laird 疲劳裂纹扩展
模型示意过程

课件 12.3

12.3　构件疲劳强度

12.3.1　影响构件疲劳极限的主要因素

试验表明，构件的疲劳极限与材料的疲劳极限不同，它不仅与材料的性能有关，而且还与构件的外形、横截面尺寸及表面状况等因素有关。

1. 构件外形的影响

构件常常制成带有孔、槽、台肩等结构的各种外形，构件横截面由此发生突然变化。试验表明：在横截面突然变化处，将出现应力集中现象。如图 12-12 所示，带有圆孔的受拉薄板，在远离孔的横截面 A—A 上，应力均匀分布；而在有孔的截面 B—B 上，由于圆孔使板的横截面发生突变，孔的边缘处应力急剧增大，故应力不再均匀分布，发生应力集中现象。

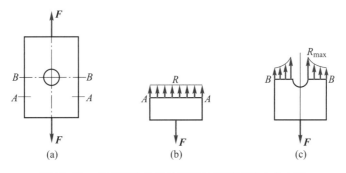

图 12-12　带有圆孔的受拉薄板的横截面应力分布图

应力集中对疲劳极限的影响程度用应力集中系数 K_R 表示，它是一个大于 1 的系数，具体数值可查有关技术手册。

2. 构件横截面尺寸的影响

试验表明：弯曲或扭转时，疲劳极限随构件横截面尺寸的增大而降低，而且材料的静强度越高，横截面尺寸对构件疲劳极限的影响越显著。

横截面尺寸的大小对疲劳极限的影响程度用尺寸系数 ε_R 来表示，具体数值可查看有关技术手册。

轴向加载时，构件横截面上的应力均匀分布，所以疲劳极限受尺寸影响不大，可取 $\varepsilon_R \approx 1$。

3. 表面加工质量的影响

最大应力一般发生在构件表层，而构件表层又常常存在各种缺陷（如刀痕与擦伤等），因此，构件表面的加工质量和表面状况，对构件的疲劳强度也存在着显著影响。

一般情况下，表面加工质量越差，疲劳极限降低越多；材料的静强度越高，加工质量对构件疲劳极限的影响越显著。所以，对于在交变应力下工作的重要构件，特别是在应力集中的部位，应当力求采用高质量的表面加工，而且越是采用高强度材料，越应讲究加工方法。

表面加工质量对构件疲劳极限的影响，可用表面质量系数 β 表示，具体数值可查有关技术手册。

由分析可知：当考虑应力集中、横截面尺寸、表面加工质量等因素的影响，以及必要的安全因素后，拉压杆或梁在对称循环应力下的疲劳极限和许用应力为：

$$R_{-1}^{0} = \frac{\varepsilon_{R}\beta}{K_{R}}R_{-1}$$

$$\left[R_{-1}^{0}\right] = \frac{R_{-1}^{0}}{n_{f}} = \frac{\varepsilon_{R}\beta}{n_{f}K_{R}}R_{-1} \tag{12-1}$$

式（12-1）中，R_{-1}^{0} 表示拉压杆或梁在对称循环应力下的疲劳极限；R_{-1} 表示材料在拉-压或弯曲对称循环应力下的疲劳极限；n_{f} 为疲劳安全系数，其值为 $1.4 \sim 1.7$。所以拉压杆或梁在对称循环应力下的强度条件为：

$$R_{max} \leqslant \left[R_{-1}\right] = \frac{\varepsilon_{R}\beta}{n_{f}K_{R}}R_{-1} \tag{12-2}$$

式（12-2）中，R_{max} 表示拉压杆或梁横截面上的最大正应力。

对于扭转对称循环交变应力，只要把上式中的 R 改成 τ 即可。

构件的疲劳极限不仅与循环特性有关，而且还受构件外形、尺寸和表面质量等多因素的影响，因此它随构件的不同而变化。但是这些因素对静应力下的塑性材料（如钢）和组织不均匀的脆性材料（如铸铁）基本没有什么影响，所以在研究静应力下构件的强度问题时都不考虑这些因素。

12.3.2   提高构件疲劳强度的措施

根据前期的描述可知：为了提高构件的疲劳强度，关键在于提高构件的疲劳极限。因为疲劳极限与材料本身、应力集中、材料的表面质量等多种因素有关，因而不能单靠选用高强度材料来解决。必须针对各种影响因素，采取适当措施来提高疲劳强度。

1. 合理设计构件形状，降低应力集中

由于疲劳裂纹多发生在构件的表层和有应力集中的地方，因而设计合理的构件形状，降低应力集中的影响是提高疲劳强度的有效方法。

如图 12-13a 所示的轴，只需将过渡圆角的半径 r 由 1 mm 增大至 5 mm，其疲劳强度就会得到大幅度的提高。又如图 12-13b 所示的螺栓，若光杆段的直径与螺栓外径 D 相同（如双点画线所示），则横截面 $m—m$ 附近应力集中会相当严重；若改为 $d = d_{0}$，则情况将得到很大的改善。再如图 12-13c 所示的曲轴，当曲柄销为实心时，其刚度远比曲柄臂为大，两者联接处的应力较大；若将曲柄销改为空心的（如图中虚线所示），则减小了相邻部分的刚度差，联接处的应力也将随之降低。

在设计构件的外形时，应尽量避免带有尖角的孔和槽。在横截面尺寸突然变化处（如阶梯轴的轴肩处），若结构需要直角时，可在直径较大的轴段上增设减荷槽或退刀槽，则可使应力集中明显减弱。当轴与轮毂采用静配合时，可在轮毂上增设减荷槽或增大配合部分轴的直径，并用圆角过渡，这样可缩小轮毂与轴的厚度差距，减缓配合面边缘处的应力集中。

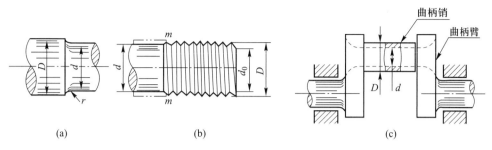

(a)　　　　　　　　　(b)　　　　　　　　　(c)

图 12-13　轴、螺栓和曲轴的合理形状

2. 提高构件表面质量

构件表面的应力一般较大（如构件弯曲或扭转时），加上构件表面的切削刀痕又将引起应力集中，故容易形成疲劳裂纹。提高表面粗糙度要求，可以减弱切削刀痕引起的应力集中，从而提高构件的疲劳强度。特别是高强度钢构件，对应力集中比较敏感，则更应具有较高的表面粗糙度要求。此外，应尽量避免构件表面的机械损伤和化学腐蚀。

3. 提高构件表面强度

提高构件表面层的强度是提高构件疲劳强度的重要措施。生产上通常采用表面热处理（如高频淬火）和化学处理（如表面渗碳或渗氮等）方法，提高表层材料的疲劳极限；也可进行滚压、喷丸或预变形等冷加工处理，在表层造成预压应力。这些措施可成倍地提高构件的疲劳强度，在生产中已被广泛地运用。

【例 12-1】 如图 12-14 所示，在直径 $D = 40$ mm 的钢制圆杆上，有一直径 $d = 6$ mm 的横圆孔。圆杆受对称循环应力拉压交变载荷 F 的作用。材料的 $R_{-1} = 196$ MPa，圆杆的尺寸系数 $\varepsilon_R = 1$，有效应力集中系数 $K_R = 1.8$，表面质量系数 $\beta = 0.9$，试求此圆杆的疲劳极限。

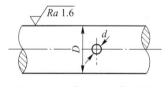

图 12-14　【例 12-1】附图

解： 根据拉压杆在对称循环应力下的疲劳极限公式：

$$R_{-1}^0 = \frac{\varepsilon_R \beta}{K_R} R_{-1} = \frac{1 \times 0.9}{1.8} \times 196 \text{ MPa} = 98 \text{ MPa}$$

习题与思考

12-1　什么是静载荷？什么是动载荷？

12-2　什么是疲劳破坏？疲劳破坏有何特点？它是如何形成的？

12-3　何谓循环应力的最大应力与最小应力？何谓平均应力与应力幅？它们之间有何关系？何谓应力比？

12-4　试区分下列概念：

（1）材料的强度极限和疲劳极限；

（2）材料的疲劳极限与构件的疲劳极限。

12-5　如何由试验测得 $S-N$ 曲线与材料疲劳极限？

12-6　什么是应力集中现象？生产中如何减少应力集中现象的发生？

12-7　在保证构件基本尺寸不变的情况下，如何提高疲劳极限？

12-8　"每一种材料仅有一个疲劳极限"的说法是否正确？

12-9　影响构件疲劳极限的主要因素是什么？试描述提高构件疲劳极限的措施。

12-10　计算如图 12-15 所示交变应力的循环特性 r、平均应力 R_m 和应力幅 R_a。

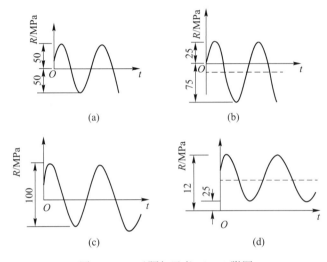

图 12-15　习题与思考 12-10 附图

应 用 篇

任务 1

鲤鱼压钳的省力分析

任务目标： 掌握物体系统平衡时，超静定问题的求解方法及技巧；根据工程实际，构建力学模型，解决一些简单机械中的静力学问题。

任务陈述： 鲤鱼压钳的结构如图 13-1 所示，已知压钳手柄的倾角 $\alpha = 15°$，$a = e = 10\,\text{mm}$，$b = 35\,\text{mm}$，$l = 150\,\text{mm}$。当握力 $F_P = 0.5\,\text{kN}$ 时，求夹持力 F 的大小。

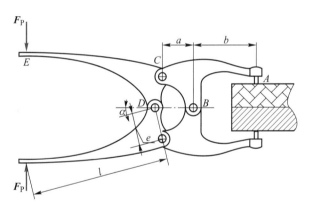

图 13-1　鲤鱼压钳的结构示意图

任务讲解：

1. 平面力系的解题步骤

　　选取研究对象→受力分析→列平衡方程求解→分析与讨论结果

2. 平面一般力系的平衡方程（二矩式）

$$\sum F_x = 0, \quad \sum M_A(\boldsymbol{F}) = 0, \quad \sum M_B(\boldsymbol{F}) = 0$$

其中，A、B 的连线不与 x 轴垂直。

3. 物体系统平衡的概念及特点

（1）物体系统。由若干个物体通过约束所组成的系统称为**物体系统**，简称物系。

（2）物系平衡的特点。由 n 个刚体组成的物系，且 $n = n_1 + n_2 + n_3$。

其中：n_1 是指受有平面力偶系作用的刚体；

　　　　n_2 是指受有平面汇交力系或平行力系作用的刚体；

n_3是指受有平面一般力系作用的刚体。

则整个系统可列出 m 个独立的平衡方程，且 $m = n_1 + 2n_2 + 3n_3$。

4. 物系平衡的静定与超静定问题

（1）静定问题。如图 13-2 所示，若系统中未知量的数目正好等于独立平衡方程的数目，则单用平衡方程即可解出全部未知量。

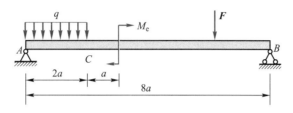

图 13-2　静定问题示例

（2）超静定问题。如图 13-3 所示，若系统中未知量的数目超过独立平衡方程的数目，则仅用刚体静力学方法无法解出所有的未知量。

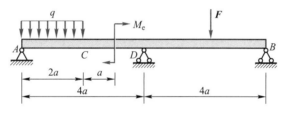

图 13-3　超静定问题示例

5. 物系平衡求解的注意事项

（1）二力构件的分析。

（2）内力与外力的关系。

（3）力偶 M 在任一轴上的投影为零，且对任意一点之矩即为 M。

（4）选取适当的坐标轴和矩心，注意正负号。

任务实施：

1. 物系平衡时的受力分析

如图 13-4 所示，本任务案例中 B、C、D 三处均为铰链约束，其方向未知的约束力都可分解为铅垂和水平方向的分力。

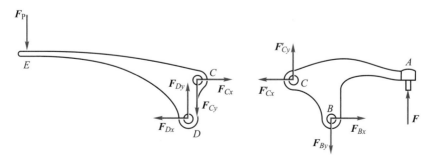

图 13-4　物系平衡条件下鲤鱼压钳的受力分析

2. 超静定问题的判断

由图 13-4 可知：约束力中共有 F_{Dx}、F_{Dy}、F_{Cx}、F_{Cy}、F_{Bx}、F_{By} 和 F 7 个未知量（其中，作用与反作用力 $F_{Cx}=F'_{Cx}$，$F_{Cy}=F'_{Cy}$），而两个受到平面一般力系作用的刚体只能列出 6 个独立的平衡方程。因此，本任务的求解属于超静定问题。

3. 超静定问题的求解

由于本任务案例中结构是对称的，所受载荷是对称的，因此，B、D 两点的约束力必须保持上、下对称，这样 B、D 两点的水平分力必为零（$F_{Cx}=F'_{Cx}=0$，$F_{Dx}=F'_{Dx}=0$），其受力分析如图 13-5 所示。

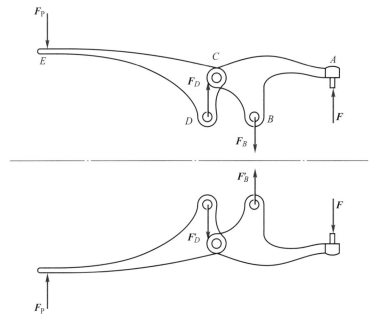

图 13-5　鲤鱼压钳的载荷对称性

将系统从 B、C、D 三处拆开，分别研究刚体 ABC 和 CDE 的受力与平衡。

（1）以钳口 ABC 为研究对象，进行受力分析，如图 13-6a 所示。

由平衡方程 $\sum M_B(\boldsymbol{F})=0$　可得 $F\cdot b=F_C\cdot a$，所以 $F_C=\dfrac{b}{a}F$

（2）以手柄 CDE 为研究对象，进行受力分析，如图 13-6b 所示。

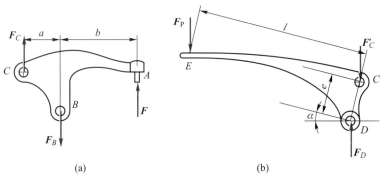

(a)　　　　　　　　(b)

图 13-6　钳口和手柄处的受力分析

由平衡方程 $\sum M_D(\boldsymbol{F}) = 0$ 可得：

$$F'_C \times e \times \sin\alpha = F_P \times l \times \cos\alpha - F_P \times e \times \sin\alpha$$

其中，$F'_C = F_C = \dfrac{b}{a}F$ 得：

$$F = \frac{a(l\cos\alpha - e\sin\alpha)}{b \cdot e \cdot \sin\alpha}F_P = \frac{10 \times (150 \times \cos 15° - 10 \times \sin 15°)}{35 \times 10 \times \sin 15°} \times 0.5\,\text{kN} \approx 15.7 \times 0.5\,\text{kN} = 7.85\,\text{kN}$$

因此，该鲤鱼压钳可产生 7.85 kN 的夹持力，具有约 15 倍的省力效果。

任务 2

建筑结构中桁架的内力分析

任务目标：理解桁架的基本概念，掌握平面简单桁架平衡时各节点处内力的求解方法和技巧。

任务陈述：某建筑结构中的平面悬臂桁架如图 14-1 所示，已知尺寸 d 和载荷 $F_A = 10\,\text{kN}$，$F_E = 20\,\text{kN}$，求该桁架中各杆件的内力。

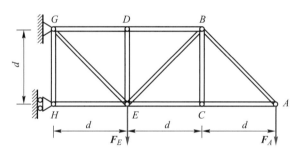

图 14-1 平面悬臂桁架的结构示意图

任务讲解：

1. 平面汇交力系的平衡方程

$$\sum F_x = 0, \qquad \sum F_y = 0$$

2. 桁架的概念及分类

（1）桁架。由一些细长的直杆按适当方式分别在两端联接而成的、几何形状保持不变的结构。

（2）桁架的分类。如图 14-2 所示，桁架按材质可分为木质桁架、钢质桁架和钢筋混凝土桁架；按空间形式又可分为平面桁架和空间桁架。

3. 桁架的构造——节点

桁架中，各杆件之间相互联接的部位称为**节点**，包括木质桁架的榫卯联接、钢质桁架的铆接和焊接，以及钢筋混凝土桁架的浇筑联接等，如图 14-3 所示。这些联接方法产生的约束，主要限制杆件的线位移，而不是角位移，因此均可看作铰链联接。

4. 桁架简化计算的基本假设

（1）桁架中各杆件均用光滑的铰链联接。

图 14-2　桁架的分类

图 14-3　桁架的节点

（2）桁架中各杆件的轴线都是平直的，且通过铰链中心。

（3）桁架上承受的外部载荷（主动力及各支座的约束力）均作用在节点上，且在桁架的平面内。

（4）桁架杆件的重量不计，或平均分配在杆件两端的节点上。

5. 平面简单桁架的内力分析——节点法

（1）若桁架杆件较多时，求解前可先对各杆件进行编号。

@ 微课

节点法

（2）以桁架整体为研究对象，计算作用在桁架上的约束力。

（3）将桁架各杆件全部设成受拉（设正法）。

（4）选取某一节点为研究对象，绘制受力分析图。

（5）逐个分析各节点，列出平衡方程求内力。

（6）根据计算结果的正负，判断各杆件实际受拉或受压情况。

任务实施：

1. 对各杆件进行编号，绘制受力分析图

如图 14-4 所示，本任务案例中 B、C、D 三处均为铰链约束，其方向未知的约束力都可分解为铅垂和水平方向的分力。

由受力分析，可以判断杆件③和杆件⑦的内力为零；杆件②和杆件⑥的内力相等；杆件④和杆件⑧的内力相等。

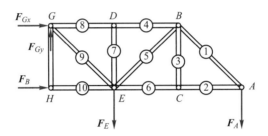

图 14-4 平面悬臂桁架各杆件的编号及其受力分析

2. 运用平面汇交力系的平衡方程，对各节点作受力分析

如图 14-5 所示，对节点 A、C、B、D、E 进行受力分析和求解：

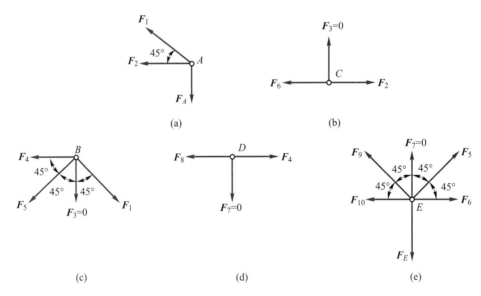

图 14-5 平面悬臂桁架各节点的受力分析

节点 A：$\sum F_y = 0$，$F_1 \times \sin 45° - F_A = 0$，$F_1 \approx 14.14 \, \text{kN}$

$\qquad\quad \sum F_x = 0$，$F_1 \times \cos 45° - F_2 = 0$，$F_2 = -10 \, \text{kN}$

节点 C：$F_6 = F_2 = -10 \, \text{kN}$

节点 B： $\sum F_y = 0$，$F_1 \times \cos 45° + F_5 \times \cos 45° = 0$，$F_5 \approx -14.14\,\text{kN}$

$\sum F_x = 0$，$F_1 \times \sin 45° - F_4 - F_5 \times \sin 45° = 0$，$F_4 = 20\,\text{kN}$

节点 D： $F_8 = F_4 = 20\,\text{kN}$

节点 E： $\sum F_y = 0$，$F_5 \times \cos 45° + F_9 \times \cos 45° - F_E = 0$，$F_9 \approx 42.43\,\text{kN}$

$\sum F_x = 0$，$-F_9 \times \cos 45° - F_{10} + F_5 \times \cos 45° + F_6 = 0$，$F_{10} = -50\,\text{kN}$

任务 3

攀登脚套钩的力学分析

任务目标： 理解滑动摩擦、摩擦角及自锁的基本概念，掌握考虑摩擦时受力分析的求解方法及技巧。

任务陈述： 攀登脚套钩如图 15-1 所示，其用于攀登电线杆，已知套钩的尺寸 $l = 10\,\text{mm}$，电线杆直径 $D = 150\,\text{mm}$，静滑动摩擦因数 $f_s = 0.2$，求套钩不致下滑时脚踏力 F 的作用线与电线杆中心线的距离 d。

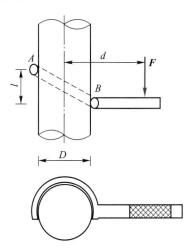

图 15-1 攀登脚套钩的力学示意图

任务讲解：

1. 平面一般力系的平衡方程（基本形式）

$$\sum F_x = 0, \sum F_y = 0, \sum M_O(\boldsymbol{F}) = 0$$

2. 滑动摩擦的特点

考虑摩擦时物体的运动状态、受力特点及滑动摩擦力的变化规律如图 15-2 所示。

3. 静滑动摩擦力与动滑动摩擦力

（1）静滑动摩擦力：

$$0 \leqslant F_s \leqslant F_{\max} = f_s \cdot F_N$$

（2）动滑动摩擦力：

$$F_d = f \cdot F_N$$

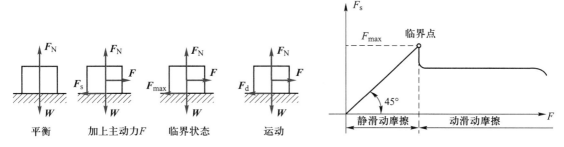

图 15-2　滑动摩擦的受力特点

4. 摩擦角与自锁

（1）摩擦角。

如图 15-3 所示，当自重为 W 的物体受力 F 作用且保持静止时，可将其所受的法向约束力 F_N 与切向摩擦力 F_s 合成为全约束力 F_{RA}，它与接触面法线间的夹角为 α。夹角 α 的值随静摩擦力的增大而增大，当物体处于平衡的临界状态，即静摩擦力达到最大静摩擦力时，偏角 α 也达到摩擦角 φ，且 $\tan\varphi = \dfrac{F_{max}}{F_N} = \dfrac{F_N \cdot f_s}{F_N} = f_s$。

（2）自锁。

如图 15-4 所示，当主动力的合力 $F_R (F_R = F + W)$ 的作用线在摩擦角 φ 以内时，由二力平衡公理可知：总有全约束力 F_{RA} 与其平衡，物体始终保持静止状态，这种现象称为**自锁**。

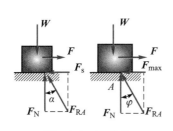

图 15-3　摩擦角

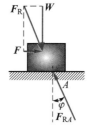

图 15-4　自锁现象

任务实施：

1. 解析法

（1）对攀登脚套钩进行受力分析（临界状态时），如图 15-5 所示。

$$\sum F_x = 0, \quad F_{NB} - F_{NA} = 0$$

$$\sum F_y = 0, \quad F_{sA} + F_{sB} - F = 0$$

$$\sum M_A(\boldsymbol{F}) = 0, \quad F_{NB} \cdot l + F_{sB} \cdot D - F\left(d + \dfrac{D}{2}\right) = 0$$

（2）假设 A、B 两处达到最大静摩擦力，则有：

$$F_{sA} = f_s \cdot F_{NA}, \quad F_{sB} = f_s \cdot F_{NB}$$

（3）联立求解，可得：$d = \dfrac{l}{2f_s} = \dfrac{10}{2 \times 0.2}\,\text{mm} = 25\,\text{mm}$

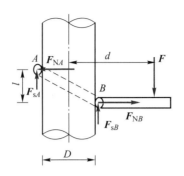

图 15-5 攀登脚套钩的受力分析（解析法）

经判断：$d \geqslant 25 \, \mathrm{mm}$。

2. 几何法

（1）利用摩擦角的概念，绘制临界状态时攀登脚套钩的全约束力 F_{RA} 和 F_{RB}，如图 15-6 所示。

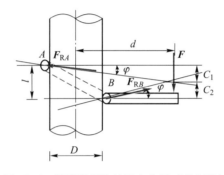

图 15-6 攀登脚套钩的受力分析（几何法）

（2）利用几何法，$C_1 + C_2 = l$，其中：

$$C_1 = \left(d + \frac{D}{2}\right)\tan\varphi, \quad C_2 = \left(d - \frac{D}{2}\right)\tan\varphi$$

所以，$\left(d + \dfrac{D}{2}\right)\tan\varphi + \left(d - \dfrac{D}{2}\right)\tan\varphi = l$，即：$2d\tan\varphi = l$

由于，$\tan\varphi = f_s$，所以 $d = \dfrac{l}{2f_s} = \dfrac{10}{2 \times 0.2} \, \mathrm{mm} = 25 \, \mathrm{mm}$

经判断：$d \geqslant 25 \, \mathrm{mm}$。

任务 4

迈腾2.0发动机气缸盖安装螺钉的选用

任务目标： 在考虑预紧力的提前下，掌握轴向拉伸时的强度计算。

任务陈述： 已知迈腾 2.0 发动机气缸数量为 4，如图 16-1 所示，最大功率为 162 kW，最大扭矩为 350 N·m，缸压为 8~11 bar（0.8~1.1 MPa），缸径为 82.5 mm。若该型发动机气缸盖上共设置 8 个内六角圆柱头螺钉（GB/T 70.1—2008），试选择螺钉的规格并计算所需的拧紧力矩。

图 16-1　迈腾 2.0 发动机

任务讲解：

1. 轴向拉伸时的受力及变形特点

（1）受力特点：外力的作用线与杆件的轴线重合。

（2）变形特点：杆件沿轴线方向伸长。

2. 轴力的计算

$$F_N = \sum_{i=1}^{n} F_i$$

轴力为正时，表示轴力背离横截面，杆件受拉。

3. 轴向拉伸时设计横截面尺寸（未考虑预紧力时）

$$S \geqslant \frac{F_N}{[R]}$$

4. 螺纹联接时预紧力的计算

（1）当外载荷 F 无变化时，取预紧力：$F' = (0.2 \sim 0.6)F$。

（2）当外载荷 F 有变化时，取预紧力：$F' = (0.6 \sim 1.0)F$。

（3）当要求紧密联接时，取预紧力：$F' = (1.5 \sim 1.8)F$。

5. 紧螺栓联接的强度计算

$$R = \frac{1.3 \times F_{\Sigma}}{\frac{1}{4}\pi d_1^2} \leqslant [R]$$

其中，总载荷 $F_{\Sigma} = F + F'$。

6. 拧紧力矩的计算

$$M = K \cdot P \cdot D$$

式中，K 为扭矩系数，可取 0.19；

P 为设计预期达到的紧固力，$P = (0.5 \sim 0.7)[R_e] \times S_s$

任务实施：

1. 计算每个螺钉承受的拉力

由于该发动机共有 4 个气缸，每个气缸盖上有 8 个内六角圆柱头螺钉（GB/T 70.1—2008），所以每个螺钉分担的拉力为：$F = \dfrac{4 \times 1.1 \times \dfrac{1}{4}\pi \times 82.5^2}{8} \text{N} \approx 2940.1 \text{ N}$

2. 计算每个螺钉承受的总载荷

螺钉拧紧后，其受预紧力作用而伸长，于是气缸被压紧。当气缸内有压强作用时，螺钉再伸长，导致施加在气缸盖上的作用力相应减小，因此应保持一定的剩余压紧力，以确保联接的紧密性，取预紧力：$F' = 1.8F$。

因此，每只螺钉承受的总载荷 $F_{\Sigma} = F + 1.8F = 2.8F \approx 8232.3 \text{ N}$

3. 计算螺钉的许用拉应力

根据 GB/T 3098.1—2010，内六角圆柱头螺钉常用的性能等级为 6.8、8.8 和 9.8，对应的屈服强度分别为 480 MPa、640 MPa 和 720 MPa。现选取 8.8 级，安全系数按经验取 $n = 3$，则：

$$[R] = \frac{[R_e]}{n} = \frac{640}{3}\text{MPa} \approx 213 \text{ MPa}$$

4. 选取内六角圆柱头螺钉的规格，其螺纹小径 d_1 应符合

$$S = \frac{1}{4}\pi d_1^2 \geqslant \frac{1.3 F_{\Sigma}}{[R]}$$

可得：

$$d_1 \geqslant \sqrt{\frac{1.3 \times F_{\Sigma}}{\frac{1}{4}\pi[R]}} \approx 8 \text{ mm}$$

由此，可选用内六角圆柱头螺钉 M10，其小径 $d_1 = 8.917$ mm（>8 mm）。

5. 计算所需的拧紧力矩

经查表，M10 的 $S_s = 58 \text{ mm}^2$；D 是螺钉的公称直径，$D = 10$ mm。

所需的拧紧力矩：$M = K \cdot P \cdot D = 0.19 \times 0.55 \times 640 \times 58 \times 10 \times 10^{-3} \text{ N} \cdot \text{m} \approx 38.8 \text{ N} \cdot \text{m}$

由此，迈腾 2.0 发动机气缸盖的安装应选择内六角圆柱头螺钉 M10，拧紧力矩 $M = 40 \text{ N} \cdot \text{m}$，经与该型发动机的安装和维修手册进行对照，结果完全一致。

任务 5

5 t 桥式起重机承载能力的提升

任务目标： 分析影响弯曲强度的因素，采取相应措施，提高梁的承载能力。

任务陈述： 生产中，需使用额定载荷为 5 t 的桥式起重机（图 17-1），吊起 10 t 的重物，若贸然采用原来的起吊方式，极有可能使梁因强度不足而造成断裂，试讨论如何在现有条件下完成起吊作业。

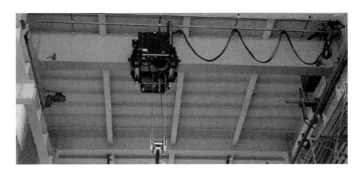

图 17-1　5 t 桥式起重机

任务讲解：

1. 梁弯曲时的受力及变形特点

（1）受力特点：杆件受到与轴线相垂直的外力（横向力）或外力偶的作用。

（2）变形特点：杆轴线由直线变成曲线。

2. 弯矩的计算

$$M = \sum_{i=1}^{n} M_C(\boldsymbol{F}_i)$$

3. 梁弯曲时横截面上的正应力计算

$$R = \frac{M \cdot y}{I_z}$$

4. 提高梁弯曲强度的措施

（1）合理布置载荷的位置。

（2）合理布置支座的位置。

（3）选择合适的形状截面。

（4）使横截面形状与材料性能相适应。

（5）对于不同形状截面的梁，选择恰当的放置方式。

（6）采用等强度梁。

任务实施：

1. 绘制弯矩图

将桥式起重机梁抽象成力学模型，并绘制承受额定载荷为 F 时的弯矩图，如图 17-2 所示。

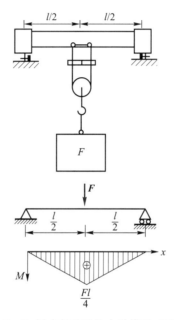

图 17-2 5 t 桥式起重机的力学模型（改进前）

显然，为了能安全起吊重物，该桥式起重机能承受的最大弯矩为 $\dfrac{Fl}{4}$。

2. 设计方案

在不考虑实施设备改造的前提下，将载荷加大一倍至 $2F$，请制订相应的起吊方案，使其承受的最大弯矩不超过 $\dfrac{Fl}{4}$。

（1）方案一：加装钢丝绳，改变梁的承载情况，其受力分析及弯矩分布如图 17-3 所示。

方案一可以在载荷增加一倍的情况下，使最大弯矩保持不变。

（2）方案二：无须增加钢丝绳，仅对桥式起重机的吊装位置进行限制。此时，对应的受力分析及弯矩分布如图 17-4 所示。

若吊装位置与左侧支座间的距离为 x，则梁上的最大弯矩为：$\left(2F\dfrac{l-x}{l}\right)x$，为了保证起吊的安全，最大的弯矩不应超过 $\dfrac{Fl}{4}$，即：$2F\dfrac{l-x}{l}x<\dfrac{Fl}{4}$，由此可得：

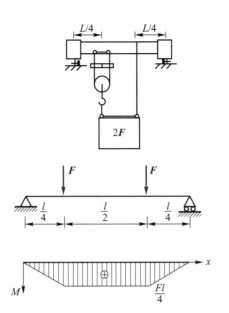

图 17-3　5 t 桥式起重机的力学模型（加装钢丝绳）

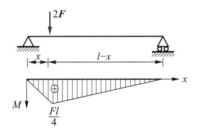

图 17-4　5 t 桥式起重机的力学模型（限制吊装位置）

$$x<\frac{2-\sqrt{2}}{4}l$$

　　根据对称性原则，只要将吊装位置限制在距离左侧（或右侧）支座 $\frac{2-\sqrt{2}}{4}l$ 的范围内，均可安全地进行起吊作业。

任务 6

二爪轴承拉马的强度校核

任务目标： 理解组合变形的力学分析，掌握拉弯组合变形的应力计算。

任务陈述： 如图 18-1 所示，已知二爪轴承拉马的横截面尺寸（$b = 12$ mm，$h = 25$ mm），$e = 40$ mm。若螺杆对轴的作用力 $F = 12$ kN，钩爪材料的 $[R] = 235$ MPa，试校核其强度。

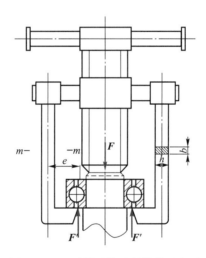

图 18-1　二爪轴承拉马的结构示意图

任务讲解：

1. 组合变形的基本概念

构件受力后产生的变形为两种以上基本变形的组合，且几种变形所对应的应力（或变形）属于同一数量级，则构件的变形称为组合变形。

2. 组合变形时力学分析的基本步骤

（1）外力分析。将作用于杆件的外力沿杆的轴线及横截面的两对称轴所组成的直角坐标系作等效分解，使杆件在每组外力作用下，只产生一种基本变形。

（2）内力分析。用截面法计算杆件横截面上各基本变形的内力，并画出内力图，由此判断危险截面的位置。

（3）应力分析。根据各基本变形在杆件横截面上的应力分布规律，运用叠加原理确定危险截面上危险点的位置及其应力值。

（4）强度计算。分析危险点的应力状态，结合杆件材料的性质，选择适当的强度理论进行强度计算。

3. 拉伸与弯曲组合变形时的正应力计算（塑性材料）

$$|R|_{max} = \left| \frac{F_N}{S} \right| + \left| \frac{M_{max}}{W_z} \right| \le [R]$$

任务实施：

1. 钩爪的内力分析

采用截面法将钩爪沿 $m—m$ 处假想截开，取下半段为研究对象，其受力分析如图 18-2 所示。

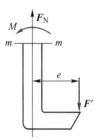

由平衡条件可得：轴力 $F_N = F' = \dfrac{1}{2}F$

最大弯矩 $M_{max} = F' \cdot e = \dfrac{1}{2}F \cdot e$

图 18-2   钩爪的受力分析

2. 钩爪的应力计算

拉伸正应力： $R' = \dfrac{F_N}{S} = \dfrac{F}{2bh}$

最大弯曲正应力： $R'_{max} = \pm \dfrac{M_{max}}{W_z} = \pm \dfrac{3F \cdot e}{b \cdot h^2}$

3. 钩爪的组合应力叠加

钩爪横截面上应力的叠加如图 18-3 所示，由此可见，危险点在 $m—m$ 横截面最右侧，其最大应力为：

$$R^+_{max} = \frac{F_N}{S} + \frac{M_{max}}{W_z} = \frac{F}{2b \cdot h} + \frac{3F \cdot e}{b \cdot h^2} = \left(\frac{12 \times 10^3}{2 \times 12 \times 25} + \frac{3 \times 12 \times 10^3 \times 40}{12 \times 25^2} \right) \text{MPa} = 212 \text{ MPa}$$

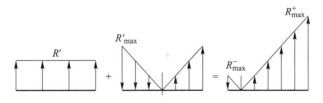

图 18-3   钩爪的应力叠加

4. 钩爪的强度校核

由于 $R^+_{max} < [R]$，所以钩爪的强度足够。

参考文献

[1] 哈尔滨工业大学理论力学教研室. 理论力学 I [M]. 8 版. 北京: 高等教育出版社, 2016.

[2] 刘鸿文. 材料力学 I [M]. 6 版. 北京: 高等教育出版社, 2017.

[3] 单辉祖. 材料力学 I [M]. 4 版. 北京: 高等教育出版社, 2016.

[4] 范钦珊. 工程力学 [M]. 2 版. 北京: 清华大学出版社, 2012.

[5] 张长英. 工程力学 [M]. 北京: 高等教育出版社, 2021.

[6] 景荣春. 工程力学简明教程 [M]. 北京: 清华大学出版社, 2007.

[7] 陈立德. 机械设计基础: 含工程力学 [M]. 2 版. 北京: 高等教育出版社, 2017.

[8] 李海萍. 机械设计基础 [M]. 2 版. 北京: 机械工业出版社, 2015.

[9] 江苏省力学学会教育科普工作委员会. 基础力学竞赛与考研试题精解 [M]. 徐州: 中国矿业大学出版社, 2015.

读者意见反馈

为收集对教材的意见建议，进一步完善教材编写并做好服务工作，读者可将对本教材的意见建议通过如下渠道反馈至我社。

咨询电话　400-810-0598

反馈邮箱　gjdzfwb@pub.hep.cn

通信地址　北京市朝阳区惠新东街 4 号富盛大厦 1 座

　　　　　　高等教育出版社总编辑办公室

邮政编码　100029